21世纪高等院校移动开发人才培养规划教材

21Shiji Gaodeng Yuanxiao Yidong Kaifa Rencai Peiyang Guihua Jiaocai

# Java ME 移动开发教程

## （项目式）

谢景明 编著

# Mobile Internet Development in Java ME

人民邮电出版社

北京

**图书在版编目（ＣＩＰ）数据**

Java ME移动开发教程 : 项目式 / 谢景明编著. --
北京 : 人民邮电出版社, 2012.7
21世纪高等院校移动开发人才培养规划教材
ISBN 978-7-115-27713-8

Ⅰ．①J… Ⅱ．①谢… Ⅲ．①
JAVA语言－程序设计－应用－移动电话机－高等学校－教材
Ⅳ．①TN929.53②TP312

中国版本图书馆CIP数据核字(2012)第091236号

## 内 容 提 要

本书内容共分为 5 部分，第 1 部分讲解搭建 Java ME 开发环境的方法，第 2 部分讲解利用 Java ME 高级界面技术开发应用程序的方法，第 3 部分讲解利用 RMS 存储管理数据的方法，第 4 部分讲解手机访问网络获取数据的方法，第 5 部分讲解利用低级界面技术开发游戏的方法。

本书以简单易懂的项目为主线进行讲解，对实现项目所需的知识点进行全面的介绍，并对任务的具体实现给出了详细的操作步骤。全书由浅入深、实例生动、易学易用，可以满足不同层次读者的需求。

本书可作为各级各类院校高年级学生的程序设计教材，也可作为软件开发人员的参考书。

21 世纪高等院校移动开发人才培养规划教材

**Java ME 移动开发教程（项目式）**

♦ 编　著　谢景明

责任编辑　王　威

♦ 人民邮电出版社出版发行　　北京市崇文区夕照寺街 14 号
邮编　100061　　电子邮件　315@ptpress.com.cn
网址　http://www.ptpress.com.cn
北京艺辉印刷有限公司印刷

♦ 开本：787×1092　1/16
印张：12.75　　　　　　　　2012 年 7 月第 1 版
字数：326 千字　　　　　　2012 年 7 月北京第 1 次印刷

ISBN 978-7-115-27713-8

定价：28.00 元

读者服务热线：**(010)67170985**　印装质量热线：**(010)67129223**
反盗版热线：**(010)67171154**

# 前 言

本教材是广州市教育科学"十一五"规划 2010 年度立项课题成果之一（立项编号为：10A112，广东高职院校手机软件开发人才培养模式）的研究与实践项目。

Java ME，以前称为 J2ME（Java 2 Platform, Micro Edition）是由 SUN 公司为嵌入式系统提供的 Java 开发平台。它易学、易用，极大地降低了开发嵌入式应用程序的难度，使程序开发的效率大大提高，已经广泛应用于机顶盒、移动电话等嵌入式消费类电子设备的开发。学习 Java ME 开发技术，一方面可以强化 Java 初学者对 Java 语言的熟悉程度，另一方面也为 Java 初学者学习 Android 程序开发打下良好的基础。目前，我国很多院校的计算机相关专业，都将"Java ME 程序设计"作为一门重要的专业课程。为了帮助院校的教师能够比较全面、系统地讲授这门课程，使学生能够熟练地使用 Java ME 进行软件开发，特编写这本《Java ME 移动开发教程》。

本书的体系结构是按照项目式的写法编写的，根据实际项目对 Java ME 的常见技术要求，组织了 5 个难度顺序渐进的独立项目，并将每一个项目划分为较为独立的任务，以"任务分析—相关知识—任务实施"这一思路，将 Java ME 的知识融入到具体任务的实现当中。在内容编写方面，我们注意难点分散、循序渐进；在文字叙述方面，我们注意言简意赅、重点突出；在实例选取方面，我们注意实用性强、针对性强。

在开始学习每一个项目之前，建议读者先对项目的任务有个完整的了解，通过运行书上所附带的程序，对程序的功能有一个直观感受，然后逐个任务去了解实现任务所需要的知识，掌握基本的概念。在每个项目的最后，仿照本书的程序重新编写一遍，最后独立地完成每章的实训项目，以达到温故知新的目的。

本书每个项目都附有实践性较强的实训，可以供学生上机操作时使用。本书配备了 PPT 课件、源代码、习题答案、教学大纲、课程设计等丰富的教学资源，任课教师可到人民邮电出版社教学服务与资源网（www.ptpedu.com.cn）免费下载使用。本书的参考学时为 54 学时，其中实践环节为 24 学时，各部分的参考学时参见下面的学时分配表。

| 项　　目 | 课 程 内 容 | 学 时 分 配 | |
|---|---|---|---|
| | | 讲　　授 | 实　　训 |
| 项目一 | 建立 Java ME 开发环境 | 2 | 1 |
| 项目二 | 开发标准体重计算器 | 4 | 3 |
| 项目三 | 开发手机通讯录 | 6 | 5 |
| 项目四 | 开发天气预报程序 | 6 | 5 |
| 项目五 | 开发飞机射击游戏 | 12 | 10 |
| 课时总计 | | 30 | 24 |

本书由广州番禺职业技术学院的谢景明博士担任主编，由于时间仓促，加之本人水平有限，书中难免存在错误和不妥之处，敬请广大读者批评指正。

编　者

2012 年 5 月

# 目　录

# 项目一

## 建立 Java ME 开发环境

近年来，移动通信技术得到了高速发展，手机也走进千家万户，逐步普及为人手一台。随着手机功能的增强，手机程序的种类也越来越多。市场上一般分为应用程序和游戏两大类，应用程序有：电子书、系统工具、实用软件、多媒体软件、通信辅助、网络软件等。游戏有：角色扮演、动作格斗、体育竞技、射击飞行、冒险模拟、棋牌益智等。

苹果公司、谷歌公司、中国移动、诺基亚、三星等 IT 界的巨头先后推出手机应用商店，允许企业或程序员将自己开发的手机软件在应用商店上出售，用户购买应用程序所支付的费用，由应用商店提供者与开发者按照一定的比例进行分成，为软件开发者与用户提供了一个良好的连接沟通平台，使得第三方软件提供者参与手机程序开发的积极性空前高涨。

Java ME 是主要的手机应用程序开发平台之一。本项目将学习如何利用开源免费软件构建 Java ME 开发环境，目标是使初学者了解移动应用程序的发展情况，不同开发技术的主要特点，Java ME 技术的优势；掌握 JDK、Eclipse Pulsar、WTK 的安装配置和使用方法，能够使用 Eclipse Pulsar 创建、运行一个简单的 Java ME 程序。

## 背景知识

### 一、移动应用开发技术

2011 年我国的手机用户已经达到了 9.3 亿，与此同时，手机的功能也越来越强大，朝着智能化方向发展，未来 3～5 年，中国的智能手机用户将从目前的 10% 占比上升至 50%。由此引发了庞大的手机应用程序和游戏程序需求。外部应用程序数量的多少，已成为消费者购买某款智能手机的决定因素之一。

中国移动、中国电信、中国联通三家运营商都具有移动网络通信运营资质，现有网络分 2G 和 3G 两种，3G 网络比 2G 网络支持的数据带宽更高，理论的最高上网速度可达 14.4Mbit/s。业务也更广泛，支持可视电话、高速数据上网、WAP、彩信、话音、短信等业务。三家通信运营商所采用的移动网络通信技术也不相同，分别为 TD SCDMA（注：为我国研发的 3G 标准）、cdma 2000、WCDMA。当前 3G 技术正在发展中，大部分用户现在还是使用 2G 网络的 GSM 或者 CDMA 制式。不同制式的网络对手机的要求不一样，也就是说除非是双模手机，否则某种制式的手机不能用于另外 种制式。

移动应用程序的硬件平台主要是小型嵌入式设备，这些设备的优点是具有便携性，但在性能和功能上较 PC 要差，而且缺乏统一的标准，在功能、外观和操作方式上差别较大。开发移动应用程序的平台主要有 Java ME、Symbian、Windows Mobile、iPhone 和 Android，这些技术各有千秋。Java ME、Symbian 和 Windows Mobile 是比较传统的开发技术，已经发展多年。而 iPhone、Android 则是近几年开始兴起的热门技术。目前，在这些平台上开发的应用程序数量一直在稳定增长，已经有数十万个手机应用程序在应用商店上出售。下面对这些技术做简要的介绍。

Java ME 以前称为 Java ME，是 Java 2，Micro Edition 的缩写，它于 1999 年 6 月在 JavaOne 开发者大会上公布。Java ME 是针对机顶盒、移动电话和 PDA 等嵌入式消费电子设备提供的 Java 语言平台，包括虚拟机 kvm 和一系列标准化的 Java API。它和标准版的 J2SE、企业版的 J2EE 一起构成 Java 技术的三大版本。Java ME 程序的执行方式是字节码解释，性能上会受到一定的影响。

Symbian 公司成立于 1998 年 6 月，是由爱立信、摩托罗拉、诺基亚等公司共同持股组成的合资公司。2008 年 6 月 Symbian 公司被诺基亚全资收购，成为其旗下公司。目前，Symbian 已经成为手机领域中应用范围最广的操作系统，提供多个不同版本的人机界面，例如，Series 20/30 和 Series 40 分别针对低端手机和中端商务手机，Series 60/80/90 则是针对中高端智能手机和高端商务手机。其中，Series 60 主要是给数字键盘手机用，Series 80 主要针对完整键盘，Series 90 则是为触控笔方式而设计。Symbian 主要支持的开发语言为 C++和 Java。

Windows Mobile 是由微软公司在 2003 年 6 月发布，最新的版本 7.0 更名为 Windows Phone。在此之前，微软的智能终端设备操作系统主要分为 Pocket PC 和 Smart Phone 两类。原形为 Windows CE，是 Microsoft 用于 Pocket PC 和 Smart Phone 的软件平台。Windows Mobile 操作系统有 3 种，其中，标准版是针对没有配备触摸屏的手机，专业版针对配备触摸屏幕的手机，而经典版则是针对配备触摸屏但不具备通话功能的移动设备。Windows Mobile 的优势在于将熟悉的 Windows 桌面扩展到了个人设备中，界面设计、功能应用与 PC 很类似，内置有 Office、Media Player。Windows Mobile 主要支持的开发语言为 C#、C++、C 和 VB。

iPhone 由苹果公司在 2007 年 1 月举行的 Macworld（注：是一个专门面向苹果 Macintosh 平台的行业展会）上宣布推出，2007 年 6 月在美国上市。iPhone 使用了众多增强用户体验的领先技术，例如，多触点式触摸屏技术允许用户同时通过多个触点进行操作，基于传感器的隐式输入技术提高了手机的智能水平，全新用户界面设计技术提高了手机使用的易用性，手机应用商店提供了源源不断的实用程序。iPhone 将原来普通的手机电话变成一个潮流时尚且功能强大的随身工具，引起了手机设计领域的一次新变革。iPhone 主要支持的开发语言为 Objective-C、C、C++、JavaScript。

Android 是 Google 公司于 2007 年 11 月宣布的基于 Linux 平台的开源手机操作系统，该平台由操作系统、中间件、用户界面和应用软件组成。Android 产品线较为丰富，覆盖到商务、时尚、娱乐、中低端市场等各种人群。Android 的优势在于对第三方软件完全开放，免费向开发人员提供，而且集成了大量的 Google 应用，如 Google 地图、Gmail 邮箱等，大大增强了 Android 手机的功能。Android 主要支持的开发语言为 Java 和 C++。

　　相比传统的软件开发，手机应用商店为程序开发者提供了更大的平台，程序开发者可将手机应用程序发布到网站上，分享自己的作品，通过用户下载程序来和服务商按一定的比例进行收益分配，此举大大激发了程序开发者的积极性。下面列出 3 个较为有名的手机应用商店（见图 1-1～图 1-3），感兴趣的读者可上网站浏览查看各种手机移动应用程序，从中获取学习的灵感。

图 1-1　中国移动的移动应用商场（http://www.mmarket.com/）

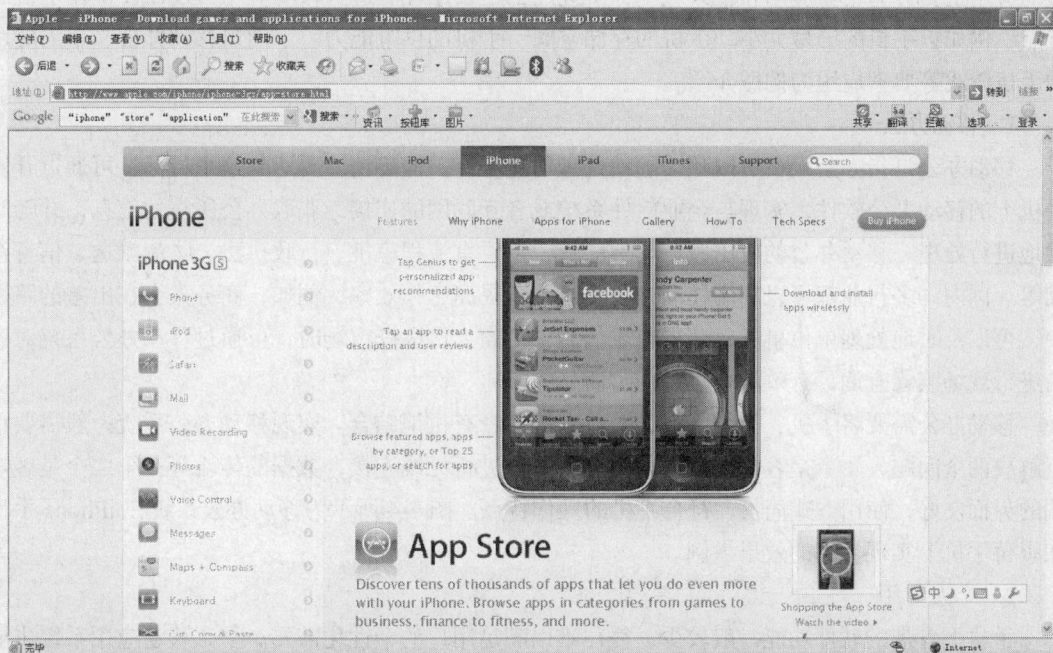

图 1-2　iPhone 手机应用程序商店（http://www.apple.com/iphone/iphone-3gs/app-store.html）

图 1-3　Android 应用程序网店 Google Play（https://play.google.com/store）

## 二、典型移动应用案例

手机的优势在于不但具有通信、多媒体、支持应用程序等功能，而且还易于携带和方便使用。移动应用主要分为企业应用和个人应用，讲究的都是实用性。进行移动应用开发需要遵循手机的特点，例如，手机的屏幕大小、手机的存储空间、手机的供电能力。下面以移动办公、个人应用和手机游戏等典型应用为例做介绍。

1. 移动办公

移动办公是指办公人员可以随时随地处理与业务有关的事情。要达到这个目标，可通过开发手机上的移动办公软件，实现与企业软件系统或者互联网的连接，获取办公所需的信息，并随时随地进行处理。移动办公的应用领域非常广泛，主要有流程审批、行政执法、物流派送、信息查询等。国内许多行业都可以利用移动办公来进一步提高工作效率，例如，商务人士在出差的路途中，可以及时地处理单位事务，获得市场信息；工商人员巡查市场时，可通过移动办公系统对商品进行现场监管查询，有效防止假冒伪劣商品的流通。

移动办公需要将手机、无线网络、企业系统三者有机地结合。实现移动办公系统一般需要重点解决两个问题，一个是客户端软件与企业服务器进行无线连接，数据的传输等；第二个是客户端的界面友好，使用方式简易，符合手机的操作特点。图 1-4 所示为移动办公系统在 iPhone 手机和黑莓手机上实现界面的效果举例。

2. 个人应用

手机上自带的软件功能一般较少，往往难以满足用户的个性化需要。个人移动应用系统主要针对手机自带软件功能的不足，设计开发出新的功能，为日常生活中的"衣、食、住、行"提供

4

便利，担任智能化助手的角色。例如，对各种类型的来电进行管理控制，对餐馆、景点、购物场所进行查询定位。

iPhone 手机        黑莓手机

图 1-4　移动办公系统示例

个人应用中另一类比较重要的应用是手机学习软件。移动学习（M-learning）是通过移动通信、计算机、信息教育等多种技术实现在任何时间、任何地点开展学习的一种新型教育模式。移动学习的主要特征有 3 个：（1）自由性大：学习的时间和地点不固定，学习者能够自主安排学习计划；（2）主动性高：学习通常发生在零散时间或者特定情景下，学习者往往是出于自身提高或者解决问题的需要而进行学习，这种积极的学习动机更容易产生良好的学习效果；（3）便捷性强：学习的技术手段更为先进，学习者能够利用移动设备通过无线网络灵活快捷地获取知识。随时随地学习突破了人们在学习方式上在时间和空间的约束，大大改变了传统的以固定教室为主的教学模式，使知识的传播更为及时和方便，因此可作为课堂教学之外的一种良好补充。图 1-5 所示为金山词霸手机版界面示例。

图 1-5　金山词霸手机版

### 3. 手机游戏

手机游戏的优势是提供娱乐休闲，在坐车、等人的空虚时间可以打发时间。手机游戏按游戏的内容属性来分，可以有角色扮演游戏、动作游戏、策略游戏、格斗游戏等不同类型。

手机游戏的实现方式有单机游戏、网络游戏、蓝牙游戏、模拟器游戏等。很多游戏的创意来自于 PC。以手机开心农场为例，网络版的开心农场是一款流行的游戏，已经吸引了大批不同年龄层次的玩家。如果将这款游戏和移动终端结合起来，将能够进一步发挥这款游戏的功能，使得人们可以随时随地随心地进行偷菜游戏。图 1-6 所示为掌心网实现的手机版开心农场界面。

图 1-6  开心农场手机版

# 任务一  安装 Sun JDK

## 一、任务分析

本次任务要求完成 JDK 的下载、安装和配置。要完成本次任务，需要思考如下几个问题。

（1）JDK 是什么软件，对于本项目有何作用？

（2）从何处获得合适的 JDK？

（3）JDK 对电脑硬件和操作系统的安装要求？

（4）如何安装 JDK？

（5）如何配置 JDK？

## 二、相关知识

通常而言，我们进行软件开发并不是从一张白纸开始，往往会利用一些已有的工具进行开发。JDK（Java Development Kit）就是为 Java 开发者提供的一组开发工具包，包括了 Java 运行环境（Java Runtime Environment，JRE）、一组 Java 工具和 Java 标准 API 类库。JDK 是进行 Java 程序开发的基础。JDK 一般有 3 种版本，分别是 Java SE 标准版、Java EE 企业版和 Java ME 嵌入式设备版。主流的 JDK 由 Sun 公司开发（注：2009 年 Sun 公司已经被著名的数据库公司 Oracle 收购）。一些公司和组织也先后推出自己的 JDK，如 IBM JDK、GNU JDK。此外，JDK 有适合于 Windows、Linux、Solaris 等不同操作系统的版本。

Java 运行环境包含一个 Java 虚拟机（JVM，Java Virtual Machine）和运行 Java 程序所需类库。其中 Java 虚拟机的主要作用是解释字节码（bytecode），实现 Java 程序的跨平台。JRE 一般是包含在 JDK 中，也可以独立安装 JRE。

常用的 Java 工具有：Javac.exe、Java.exe、Jar.exe、Javap.exe、appletviewer.exe，这些工具放在 JDK 的安装目录 bin 下。其中 Javac 是编译器，将 Java 源程序（注：后缀名为.java）转换成字节码文件（注：后缀名为.class）。Java 是解释器，解释加载运行由 Javac 编译得到的字节码文件。Jar 是打包工具，将相关的类文件或者资源文件压缩打包成为一个 JAR 文件，以便于应用程序的发布。Javap 是反编译器，显示字节码文件的含义。Appletviewer 不需要 Web 浏览器就可以调试运行 applet 小程序。

Java 标准 API 类库：API（Application Programming Interface）又称应用程序编程接口，通过提供一些预先定义的函数，达到简化开发人员工作的目的。开发人员无需访问源码或理解内部工作机制的细节，通过调用 API 就可以实现程序的特定功能。编程语言或二次开发的软硬件环境一般会提供相应的 API。同样，开发 Java 程序一般是在 Java 标准 API 类库的基础上进行的。JDK 提供了 4 个包，dt.jar 是关于运行环境的类库，主要是关于 swing 的包；tools.jar 是用 Java 编写的开发工具的类库，如 javac.exe、jar.exe 等；rt.jar 包含了 JDK 的基础类库，也就是在 java 文档帮助中看到的所有类的 class 文件；htmlconverter.jar 包含了命令转换工具将<Applet>标记转换成<Object>和<Embed>标记，为不支持 applet 的浏览器或使用 JRE1.6 以前版本的 IE 浏览器而设计。

# 三、任务实施

## （一）下载 Sun JDK

下载软件一般有两种方法，一种是通过搜索引擎进行搜索，另一种是到开发软件的公司网站上下载。第一种方法的优点是比较简单，但缺点是有可能下载的软件质量没有保证，例如，软件不能正常使用、有病毒、版本较旧等。第二种方法的优点是能够保证下载软件的质量，但很多公司的网站是英文，会对下载者造成一定的困难。下面介绍如何采用第二种方法获得 Sun JDK 的步骤，我们将到 Oralce 公司的网站下载 Sun JDK 软件。一些读者往往会觉得到英文网站上下载软件很困难，不知道从哪里找到所需要的软件。事实上，网站的下载资源一般都会放在首页的 Downloads 链接上。所以要下载 JDK 软件最好的方法，就是首先去单击 Downloads 键接。

（1）登录 Oracle 公司的网站 http://www.oracle.com，如图 1-7 所示。如果不知道 Oracle 公司的网站，可通过搜索引擎 Google（网址为 http://www.google.com.hk）进行搜索。从主页上可看到两个地方和软件下载有关：Downloads 和 Top Downloads，其中前者罗列了所有可下载的资源，后者罗列了网站被下载最多的资源。

（2）单击【Java for Developers】，进入到 Sun 开发者网络页面，如图 1-8 所示。该页面罗列了 Sun 提供的各种类型的 Java 开发工具，并提供下载服务，如 NetBeans（注：Sun 提供的 Java 集成开发工具）、JavaFx（注：一种用于开发互联网程序的脚本语言）等。

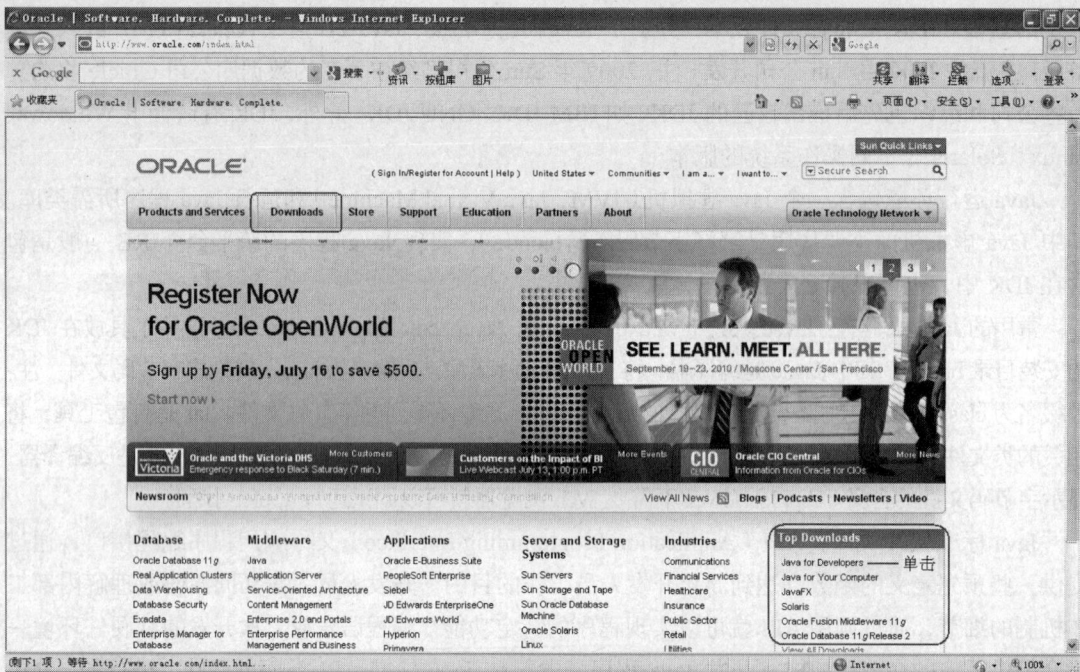

图 1-7　Oracle 公司主页

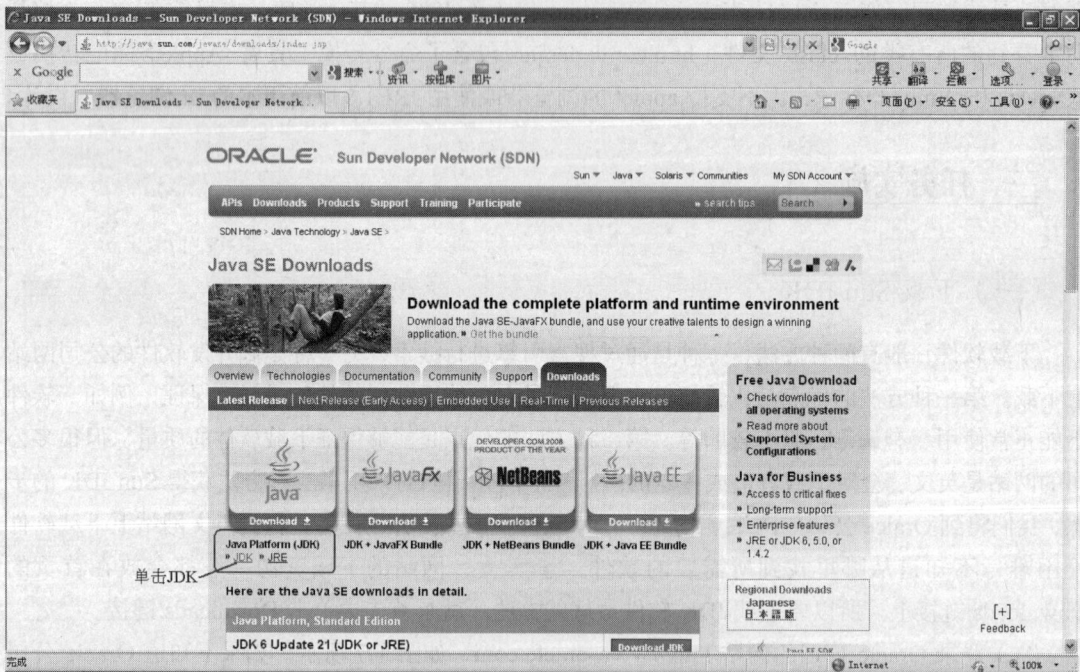

图 1-8　Sun 开发者网络页面

（3）单击【JDK】，进入 JDK 下载选择页面，，如图 1-9 所示。在该页面上，可以选择操作系统的版本，提供了 Windows、Windows x64、Solaris SPARC、Solaris x64、Solaris x86、Linux、Linux x64 共 7 个不同操作系统的版本。本书的开发主要是在 Windows 环境下，在这里选择适合于 Windows 平台的 JDK 版本。

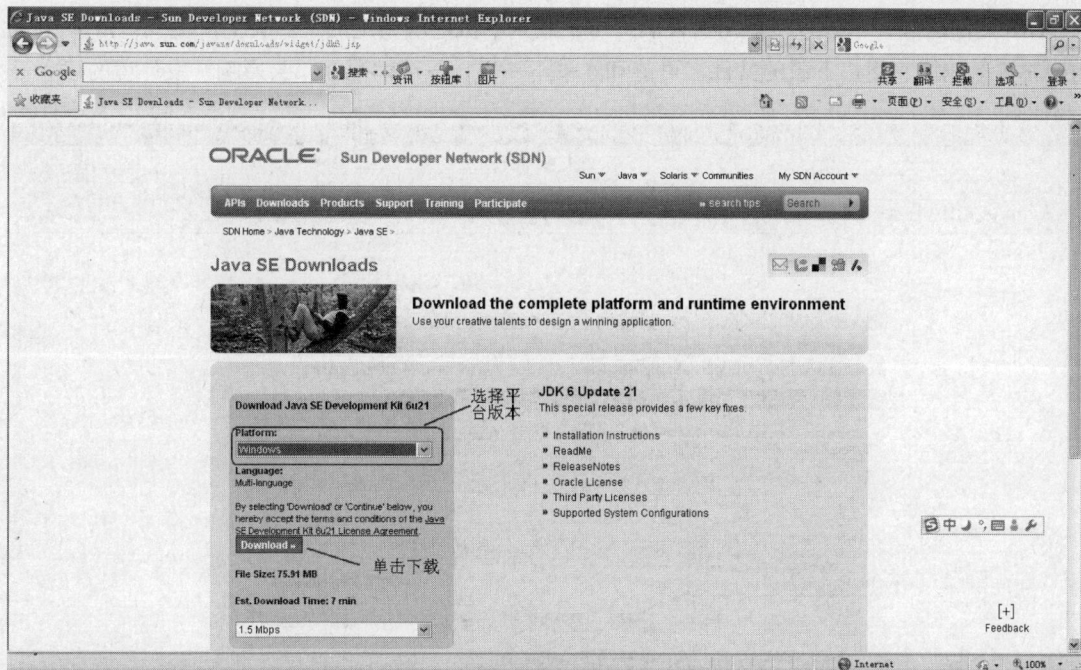

图 1-9　JDK 下载选择页面

（4）单击【Download】，弹出下载登录页面，如图 1-10 所示。在该页面中可以有 3 种操作，一种是如果之前有注册过，可以输入个人的账户和密码登录；第二种是通过新创建一个账号进行登录；最后一种是跳过登录步骤。

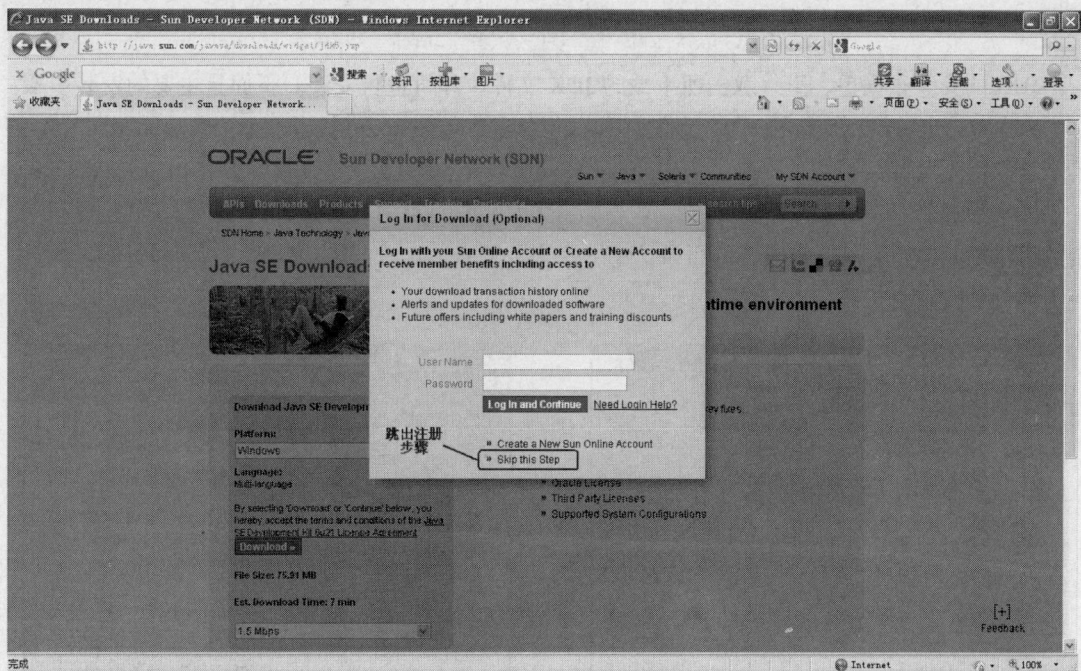

图 1-10　下载登录页面

（5）选择跳过登录步骤，进入 JDK 文件下载页面，如图 1-11 所示。在该页面中列出所下载的 JDK 文件名和大小，直接单击文件名，可下载到本机电脑指定的文件夹上。注意，由于 JDK 的版本更新较快，用户下载的文件名可能和本书不一样，一般情况下不会影响开发环境的建立。

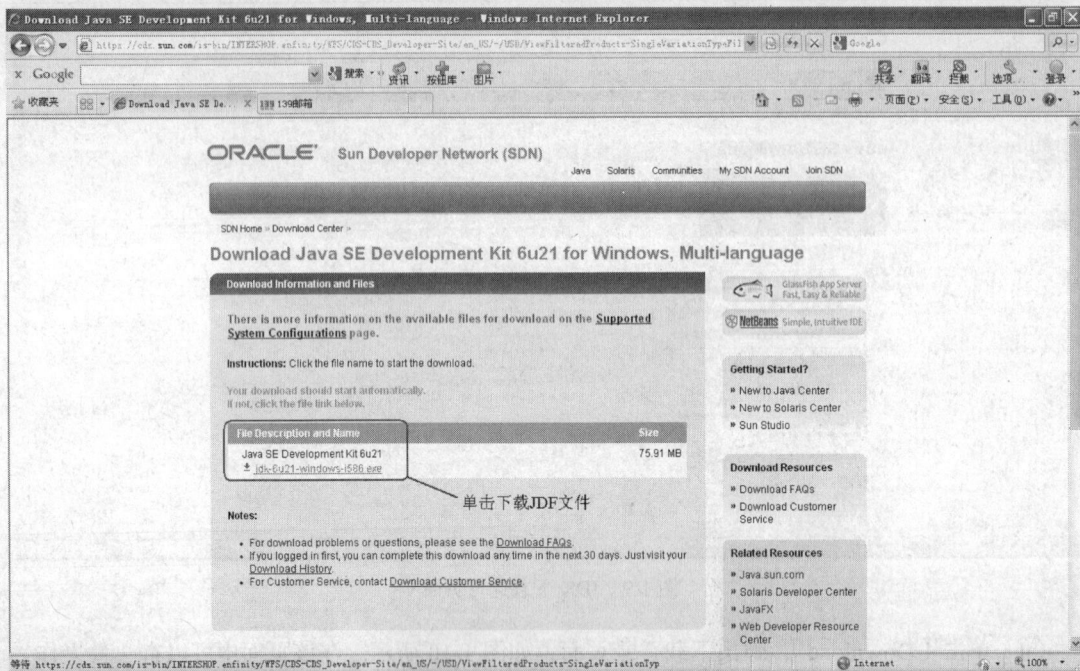

图 1-11  下载 JDK 文件页面

（二）安装 JDK 软件

JDK 的安装很简单，直接双击所下载的 JDK 文件，即可进行安装。下面是主要的安装步骤：

（1）双击上一节所下载的 JDK 文件【jdk-6u21-windows-i586.exe】，将显示安装界面，如图 1-12 所示。

（2）单击【下一步】按钮，进入自定义安装页面，如图 1-13 所示。在本页面上可以选择要安装的可选功能，还可以指定安装的目录，建议安装者记下 JDK 的安装目录，在后面的环境配置中还需要用到安装目录路径。

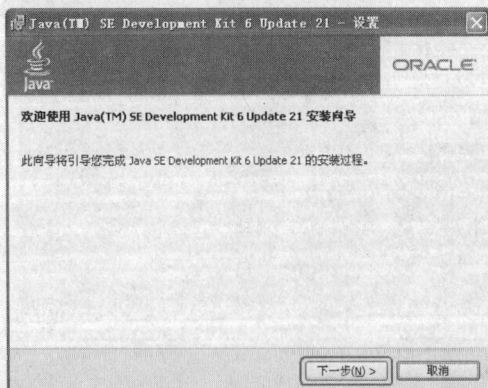

图 1-12  JDK 安装界面

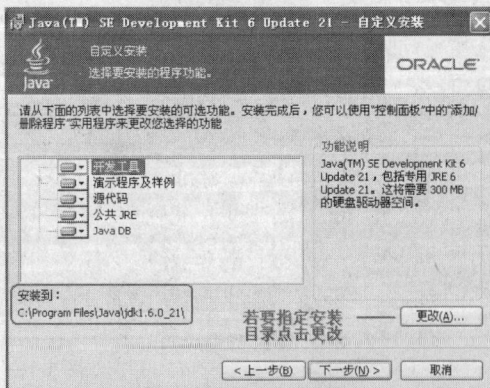

图 1-13  自定义安装页面

（3）按照默认配置，单击【下一步】按钮，JDK 就进入了安装状态，如图 1-14 所示。

（4）安装过程中，弹出 JRE 的安装目录，可按照默认路径进行安装，如图 1-15 所示。

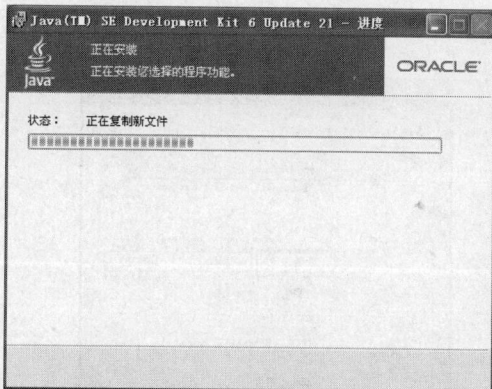

图 1-14  安装过程页面

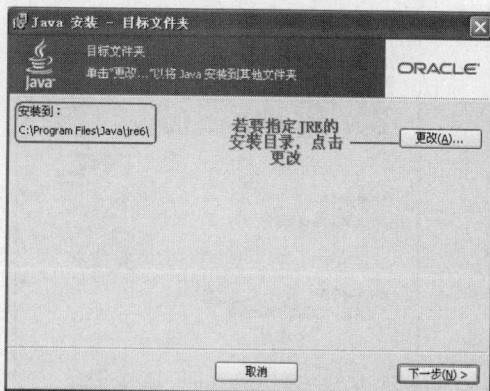

图 1-15  JRE 安装目录设置页面

（5）单击【完成】按钮，完成 JDK 的安装，如图 1-16 所示。

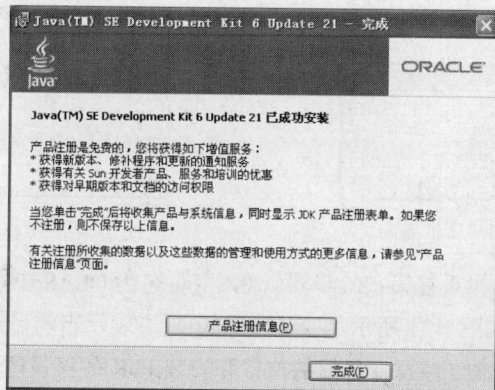

图 1-16  安装完成

## （三）配置环境变量

JDK 安装成功后，还需要在 Windows 系统中进行配置，方可正常使用。主要是需要配置两个环境变量，一个是 PATH，另一个是 CLASSPATH。PATH 的作用是表示 JDK 命令的所在路径。CLASSPATH 的作用是表示 JDK 类库的所在路径。

（1）用鼠标右键单击桌面上【我的电脑】图标，选择属性，可打开系统属性配置。单击【高级】选项，如图 1-17 所示。

（2）单击【环境变量】按钮，进入环境变量配置界面，如图 1-18 所示，在本页面中已经列出一些已经定义好的环境变量。在配置界面中有用户变量和系统变量两种。其中，用户变量指的是所配置的环境变量适用于某个用户，如本例中的 Administrator；系统变量指的是所配置的环境变量适用于本机上的所有用户。

（3）单击【新建】按钮，进入新建用户变量界面，如图 1-19 所示。

（4）录入变量名为 PATH，变量值为 C:\Program Files\Java\jdk1.6.0_21\bin，如图 1-20 所示。注意变量值的位置和在上一节安装 JDK 的目录位置有关。先查找到 JDK 在操作系统中存放的目录，然后再去获得 JDK 的 bin 目录的完整路径。注：如果电脑的环境变量中已经有 PATH，则无需新建一个 PATH 变量，只需将 bin 目录加到 PATH 变量值的后面。

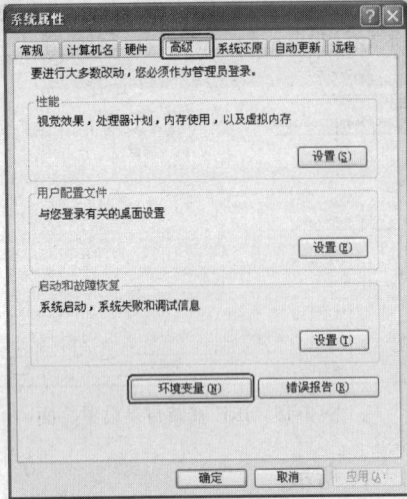

图 1-17　Windows 系统属性页面

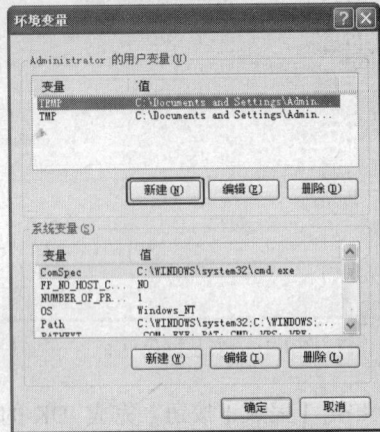

图 1-18　环境变量配置界面

图 1-19　新建用户变量界面

图 1-20　录入 PATH 变量

（5）单击【确定】按钮，再重复第（3）步骤，录入变量名为 CLASSPATH，变量值为.; C:\Program Files\Java\jdk1.6.0_21\lib，如图 1-21 所示。变量值中的"."表示当前目录，用";"号将与 JDK 的库目录隔开，和第（4）步类似，注意变量值的位置和安装 JDK 的目录位置有关。和第（4）步类似，先查找到 JDK 的目录，然后再获得 JDK 的 lib 目录的完整路径。注：如果电脑的环境变量中已经有 CLASSPATH，则无需新建一个 CLASSPATH 变量，只需将 lib 目录加到 CLASSPATH 变量值的后面。

（6）新建用户变量完毕后，可看到在 Administrator 的用户变量列表中增加了两个新的变量，分别为 CLASSPATH 和 PATH，如图 1-22 所示。单击【确定】按钮，完成 JDK 的配置。

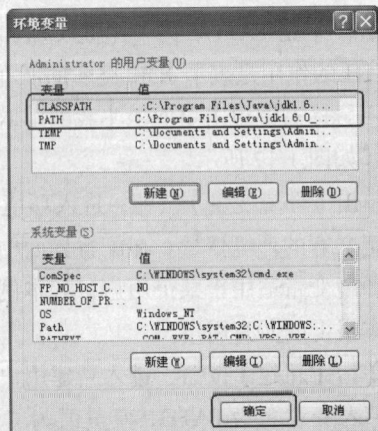

图 1-22　用户环境变量配置完成

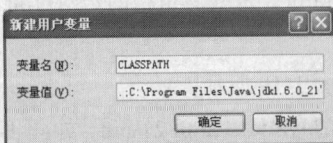

图 1-21　录入 CLASSPATH 变量

## （四）检验安装配置

查看 JDK 是否安装配置成功，可在 DOS 命令行环境下进行如下测试。

（1）首先进入 DOS 命令行环境，单击 Windows 的【开始】→【运行】命令，在【打开】中输入 cmd，如图 1-23 所示，单击【确定】按钮。

（2）在命令行界面中，输入 java-version、javac 命令，如果提示找不到命令，就是 JDK 的环境变量没有设置正确。图 1-24 所示为输入 java-version 的例子，系统会返回 JDK 的版本。

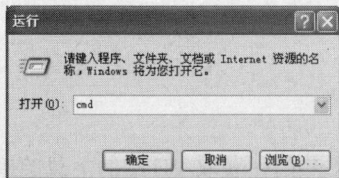

图 1-23　进入 DOS 环境的办法

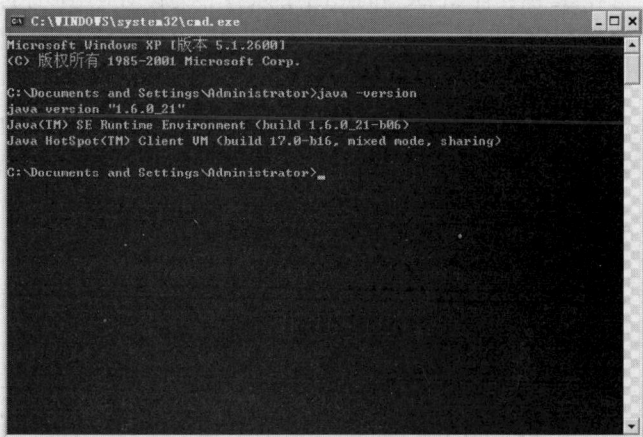

图 1-24　使用 java 命令测试环境变量配置

# 任务二　安装 WTK

## 一、任务分析

由于 WTK 自身并没有附带 Java 的运行环境 JDK，在安装过程中会自动检测当前系统已有的 Java 虚拟机，所以在 WTK 安装之前需要安装自己的 JDK。JDK 的安装已经在任务一中完成。本次任务是要求完成 WTK 的下载、安装和配置。要完成本次任务，需要思考如下几个问题：

（1）WTK 是什么软件，与任务一的 JDK 软件有何关系，对于本项目有何作用？

（2）从何处获得正确的 WTK？

（3）WTK 对电脑的硬件和操作系统的安装要求？

（4）如何安装 WTK？

（5）如何配置 WTK？

## 二、相关知识

JSR（Java 规范要求）是指由 Java 标准化组织（Java Community Process，JCP）确认的标准化技术规范，其定义了添加到 Java 平台上的规范和技术，如 Java APIs for Bluetooth（JSR 82）提

供了蓝牙功能的 API 服务。

WTK（Wireless Toolkit）是 Sun 为无线开发者提供的一个无线开发工具包，它拥有 4 个手机模拟器，适合于移动电话、个人数字助理和其他小型移动设备，设计目的是为了帮助开发人员简化 Java ME 程序的开发过程。使用其中的工具开发的 Java ME 应用程序能够在与 Java Technology for the Wireless Industry（JTWI, JSR 185）规范兼容的设备上运行，具体来说即 MIDP 2.0, CLDC 1.1, WMA 2.0, MMAPI 1.1, Web Services（JSR 172）, File and PIM APIs（JSR 75）, Bluetooth and OBEX APIs（JSR 82）, and 3D Graphics（JSR 184）；同时也可以使用该版本开发面向 CLDC1.0 和 MIDP 1.0 的应用程序。

WTK 包含有 CLDC 和 MIDP 的类库，为移动应用程序提供基本的配置、编译、运行等环境，但直接使用不够方便，一般是将 WTK 集成到 IDE 集成开发环境当中，也就是任务三将要介绍的内容。

目前各大手机厂商往往把 WTK 经过自身的简化与改装，推出适合自身的产品，如 SonyEricsson, Nokia Developer's suit 等，都属于此种类型。在进行 Java ME 程序开发时，可根据需要安装手机厂商的手机开发包，以使得 Java ME 程序能够较好地适应特定的厂商的手机型号。

## 三、任务实施

### （一）下载 WTK

WTK 的下载方法和 JDK 很类似，由于 WTK 的下载不如 JDK 热门，获取 WTK 的下载链接相对就麻烦一些。下面介绍获得 WTK 下载资源的步骤。

（1）登录 Oracle 公司网站：http://www.oracle.com。

（2）单击【Downloads】按钮。出现的页面列出 Oracle 公司所提供的各种类型软件，如图 1-25 所示。

图 1-25　Oracle 软件下载页面

（3）单击【Sun Downloads: A-Z Listing】。按照字母顺序分类列出 Sun 的各种软件，如图 1-26 所示。

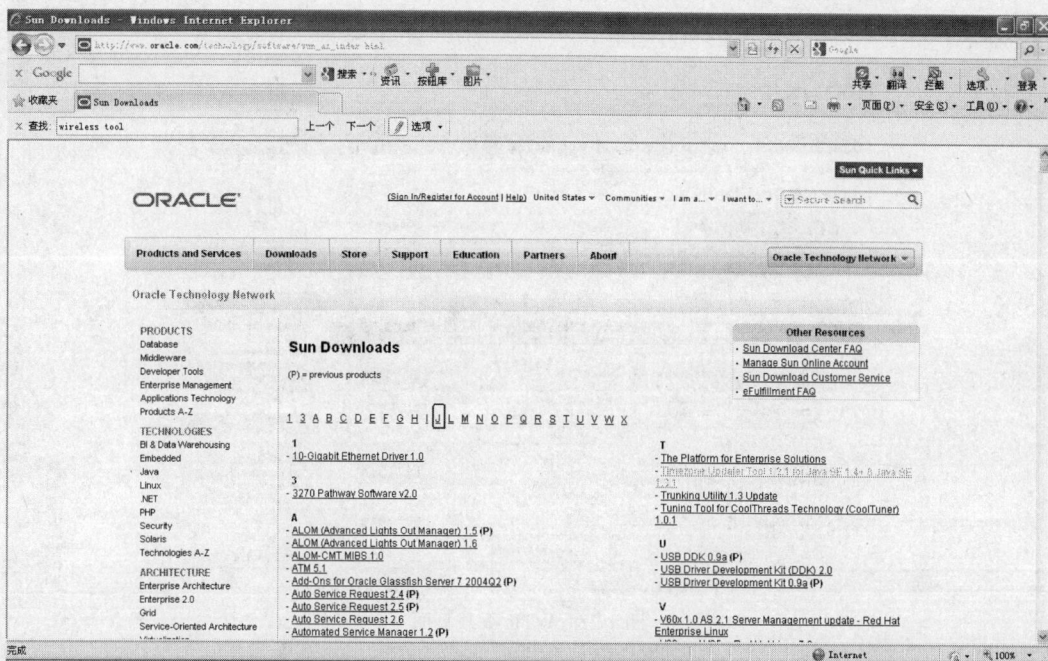

图 1-26　Sun 软件下载列表

（4）单击字母【J】，进入以 J 字母为开头的软件名称列表，如图 1-27 所示。

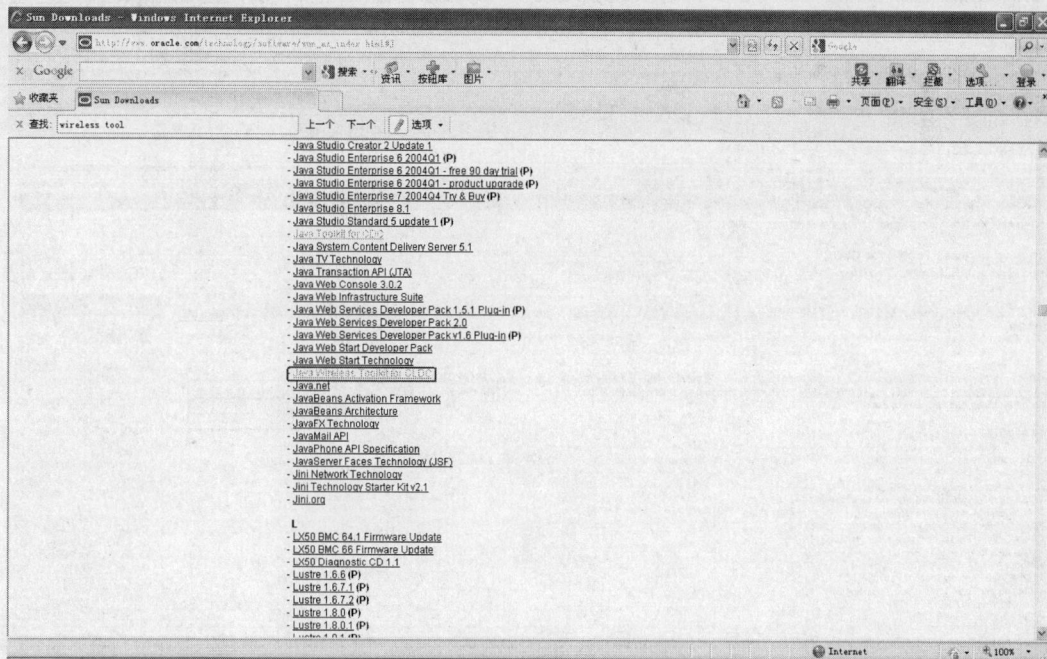

图 1-27　J 字母开头的 Sun 软件列表

（5）单击【Java Wireless Toolkit for CLDC】选项，进入 WTK 下载页面，如图 1-28 所示。

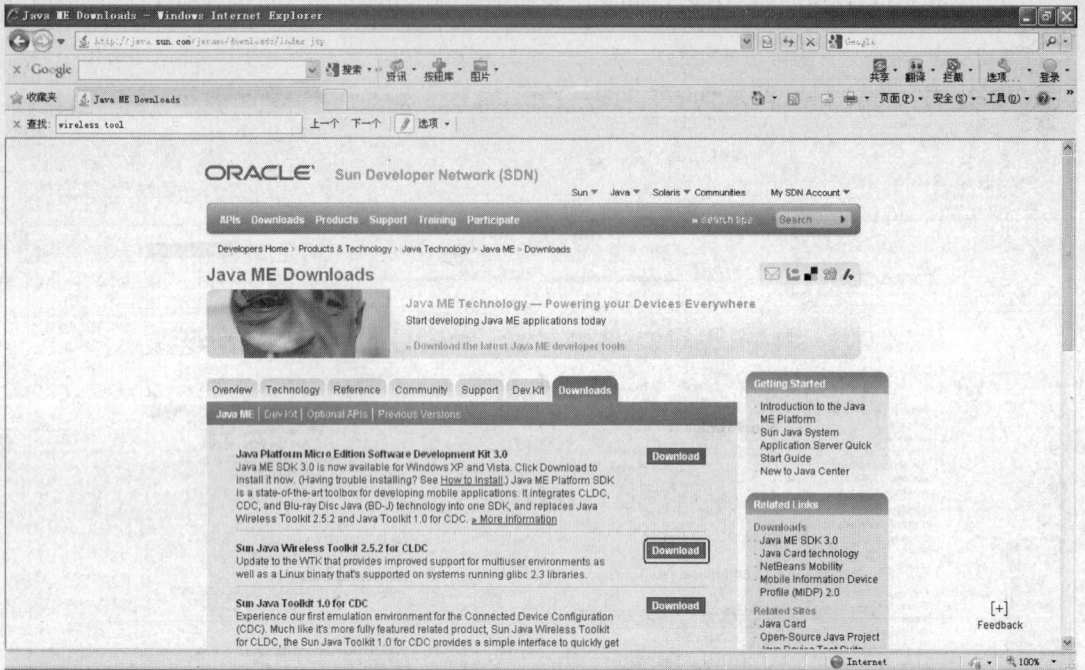

图 1-28　WTK 下载页面

（6）单击【Sun Java Wireless Toolkit 2.5.2 for CLDC】中的【Download】，进入 WTK 下载选择页面，如图 1-29 所示。

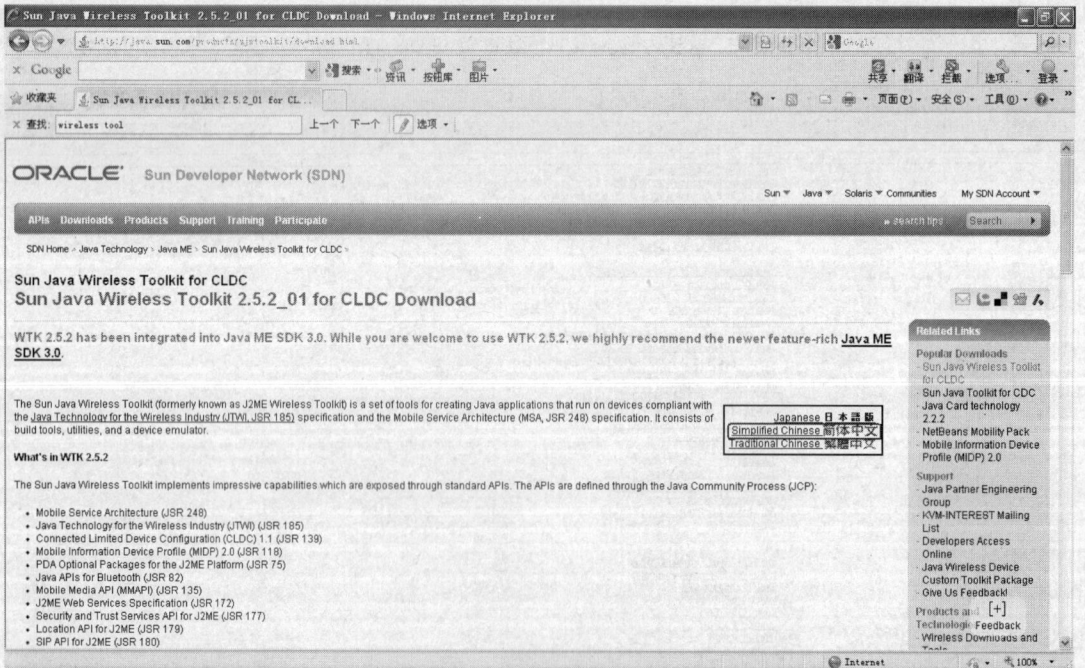

图 1-29　WTK 下载选择页面

（7）单击【Simplified Chinese 简体中文】，进入 WTK 中文版下载页面，目前较新版本为 2.5.2，如图 1-30 所示。

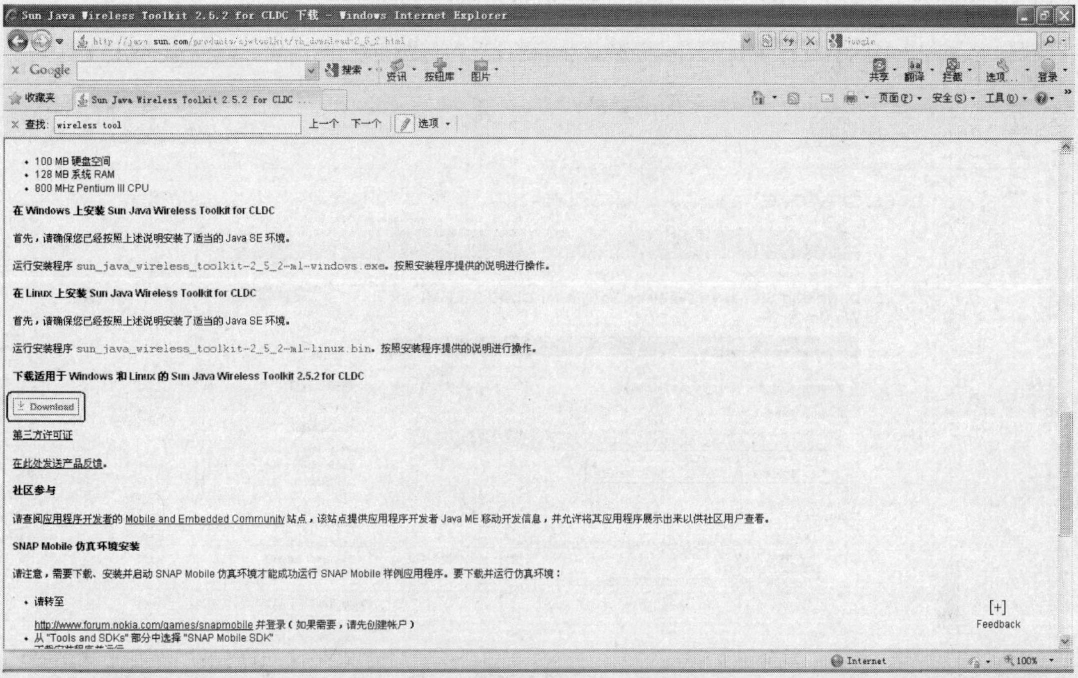

图 1-30　WTK 中文版下载页面

（8）单击【Download】，进入平台选择界面，如图 1-31 所示。

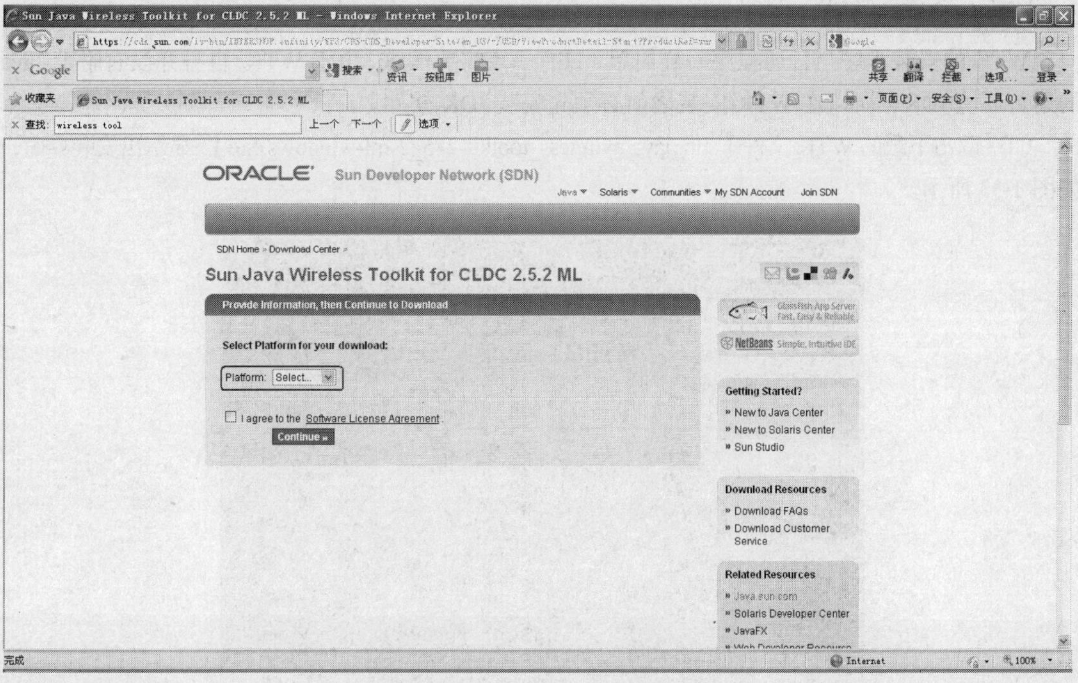

图 1-31　WTK 平台选择页面

（9）选择【Windows】平台，在【I agree to the Software License Agreement】选项框中打上勾，单击【Continue】。进入 Windows 版本的 WTK 下载页面，如图 1-32 所示。

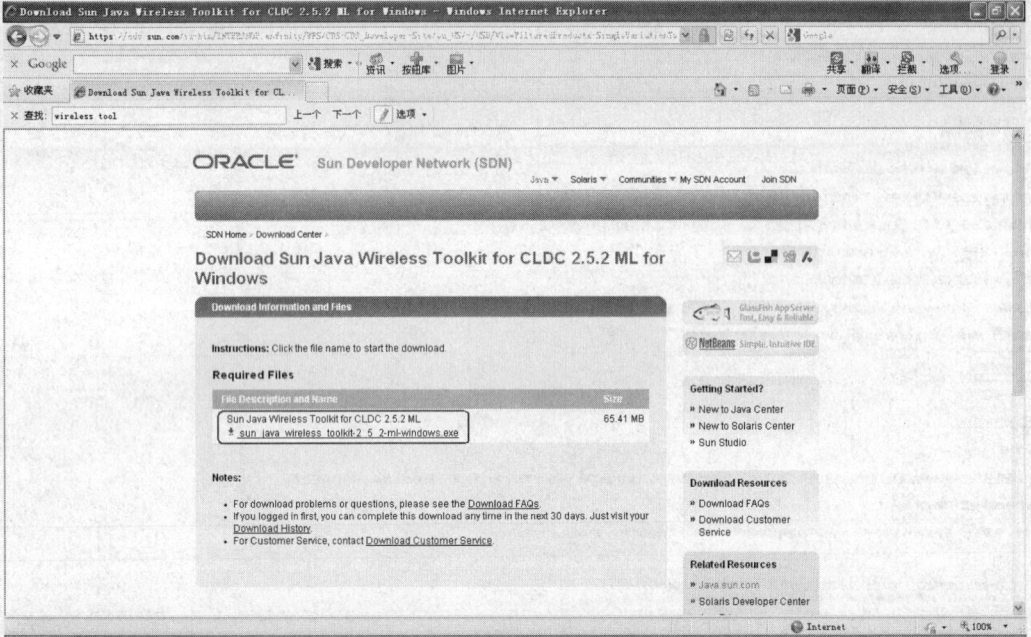

图 1-32　Windows 版本的 WTK 下载页面

（10）直接单击 WTK 文件名，即可下载到指定的本机电脑文件夹上。

## （二）安装 WTK

WTK 的安装程序与普通程序一样简单，只有一点需要注意，由于 WTK 自身并没有附带 Java 的运行环境 JDK，所以在 WTK 安装之前必须先安装 JDK 软件。

（1）双击下载的 WTK 文件【sun_java_wireless_toolkit-2_5_2-ml-windows.exe】，显示出安装界面，如图 1-33 所示。

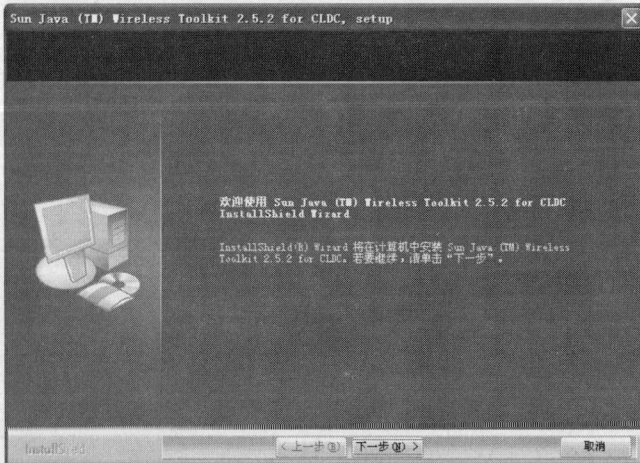

图 1-33　WTK 安装界面

（2）单击下【下一步】按钮，显示软件安装许可协议，如图 1-34 所示。

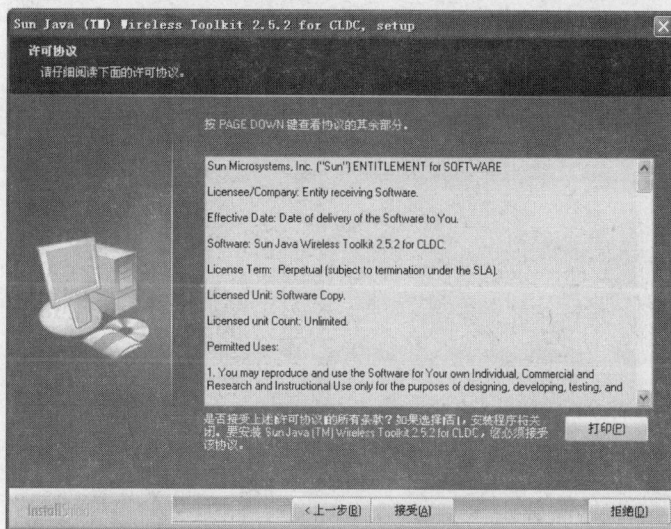

图 1-34　安装协议

（3）单击【接受】按钮，安装程序自动查找出已经安装的 JDK 所在目录。如果需要更改安装目录，单击【浏览】按钮，如图 1-35 所示。

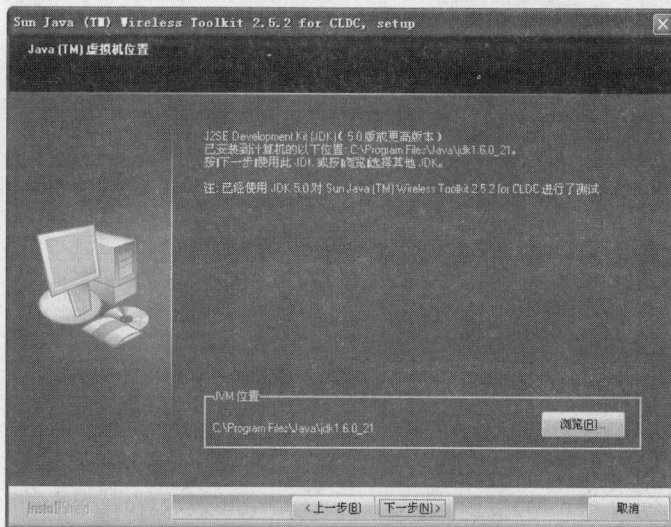

图 1-35　安装过程自动查找 JDK

（4）单击【下一步】按钮，进入 WTK 安装目录界面，如图 1-36 所示，如果需要更改默认的目的地文件夹，单击【浏览】按钮。

（5）单击【下一步】按钮，进入程序文件夹名称界面，如图 1-37 所示，一般按照默认的名称即可。

（6）单击【下一步】按钮，进入检查产品更新界面，如图 1-38 所示。检查产品更新的作用是能够通知用户 WTK 产品的更新信息。用户可根据个人需要选择是否需要检查产品更新功能。

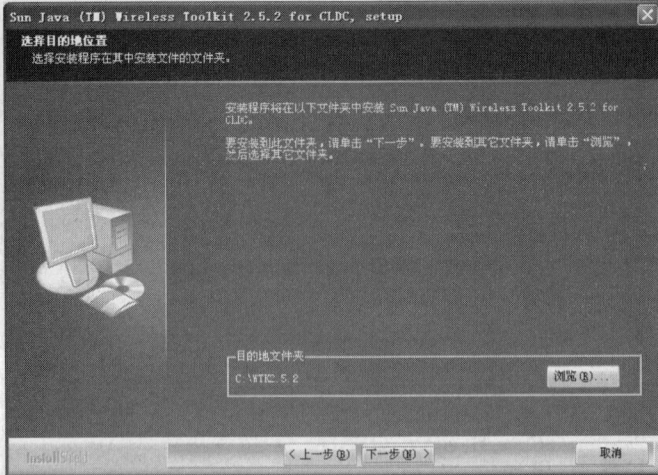

图 1-36　WTK 的安装目录设置

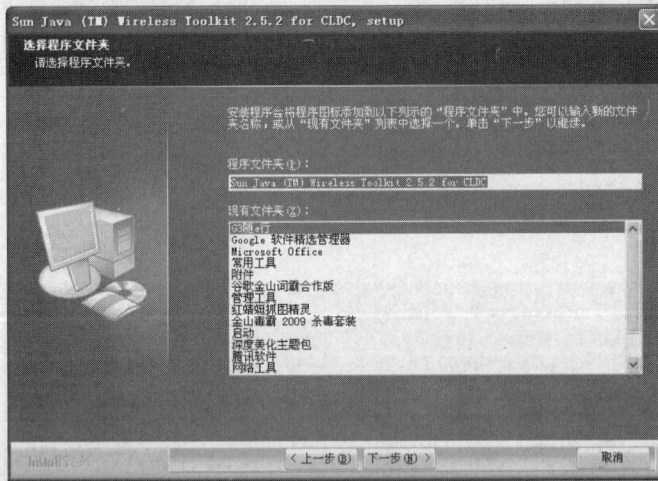

图 1-37　程序文件夹的显示名字

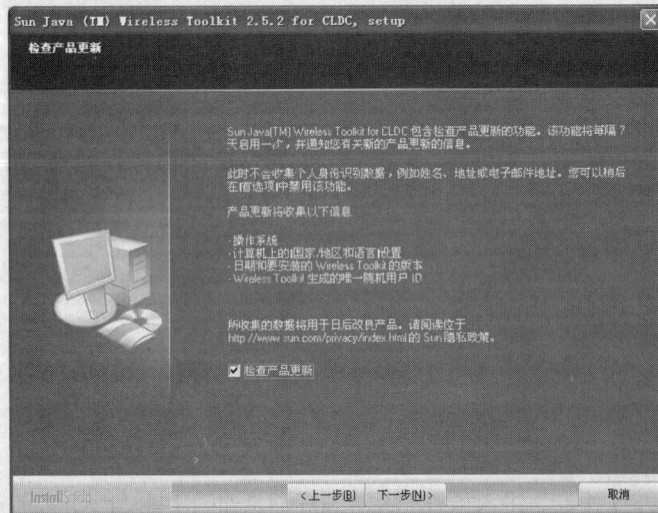

图 1-38　是否检查 WTK 产品更新

（7）单击【下一步】按钮，进入安装信息汇总界面，如图 1-39 所示。用户可根据本页面的汇总信息，决定是否需要修改，如果需要修改，单击【<上一步】按钮，回到前面的安装步骤。

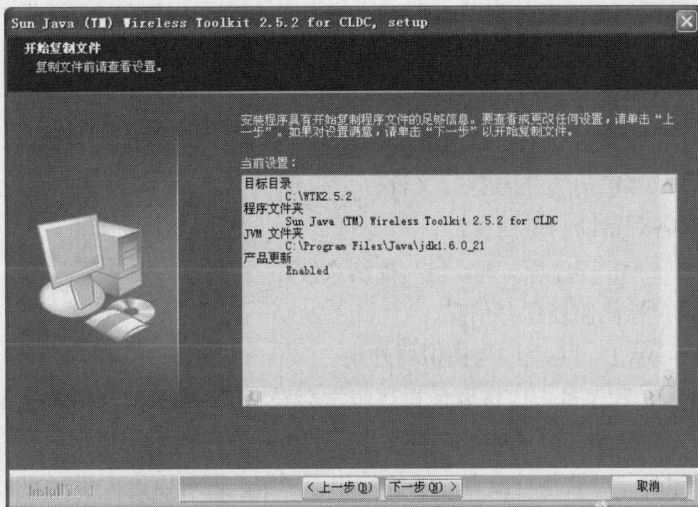

图 1-39　安装信息汇总界面（1）

（8）单击【下一步】按钮，正式进入文件拷贝安装进度界面，如图 1-40 所示。

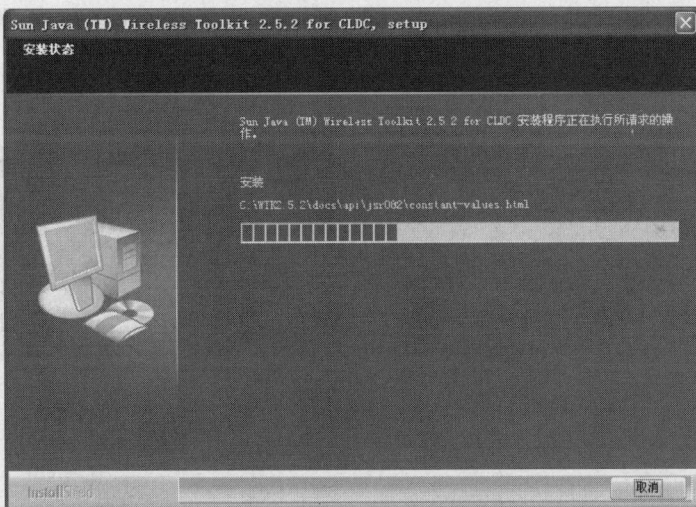

图 1-40　安装信息汇总界面（2）

最后安装成功后，将得到一个包括多种用于移动程序开发的实用工具开发包。图 1-41 所示是程序目录显示的菜单项。

图 1-41　程序目录上显示的 WTK 安装信息

为了让移动应用程序可以顺利编译和执行，WTK 具有 CLDC（Connected Limited Device Configuration，连接受限设备配置）和 MIDP（Mobile Information Devices Profile，移动信息设备简表）的类库，帮助我们省去额外安装、调试这些类库的时间。安装好 WTK 后，会在安装路径之下包括以下几个目录：

- appdb 目录：RMS 数据库信息；
- apps 目录：WTK 自带的 demo 程序，里面有源代码，可以用于参考学习；
- bin 目录：Java ME 开发工具执行文件；
- docs 目录：各种帮助与说明文件；
- lib 目录：Java ME 程序库，Jar 包与控制文件；
- session 目录：性能监控保存信息；
- wtklib 目录：JWTK 主程序与模拟器外观。

作为一个 Java ME 程序员，应该要懂得逐步学会看 WTK 的帮助文档，这也是一个良好的锻炼过程。WTK Documentation 对 Java ME 开发用到的类和方法做了较为详尽的说明，为英文版。如果读者在编写程序时，对某些类或者方法的使用不了解，还可以进一步向 Google、百度等搜索引擎寻找帮助。下面介绍如何打开 WTK 的 MIDP 帮助文档。

（1）单击【Documentation】查看详细的 API 使用方法，如图 1-42 所示。

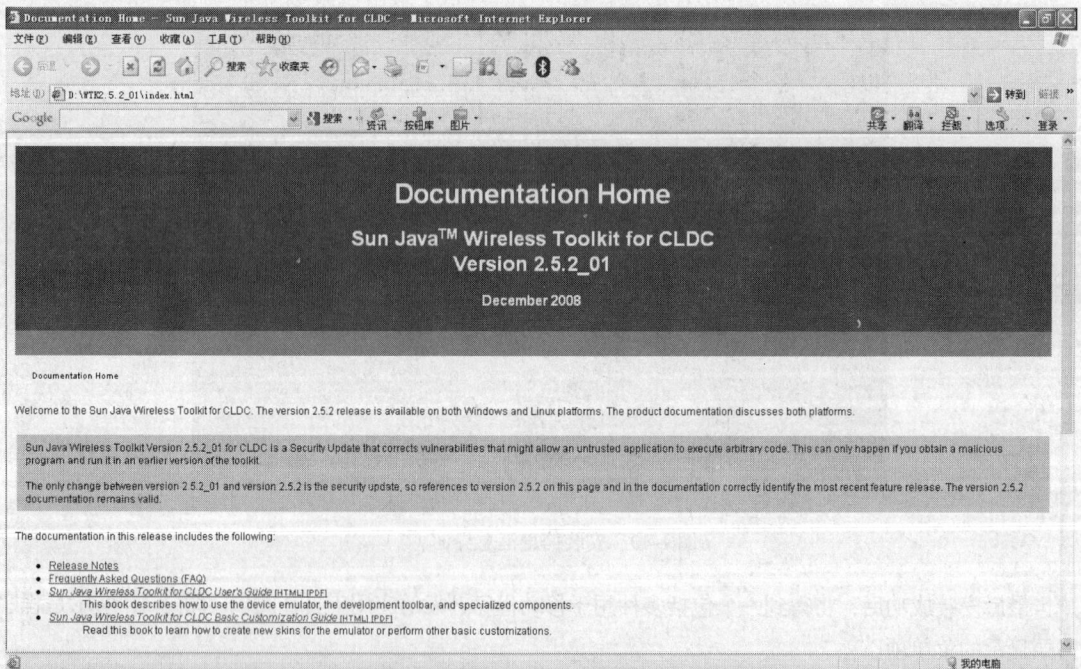

图 1-42　WTK 帮助文档主页面

（2）单击【MIDP 2.1（JSR 118）】来查看 MIDP 中的各个 API 函数的使用方法，如图 1-43 所示。
单击进去后，将见到 3 种 API 组织展示界面。对每个类的查阅，最好从类的构造方法开始进行着手，看生成一个类对象需要哪些参数，如图 1-44 所示。

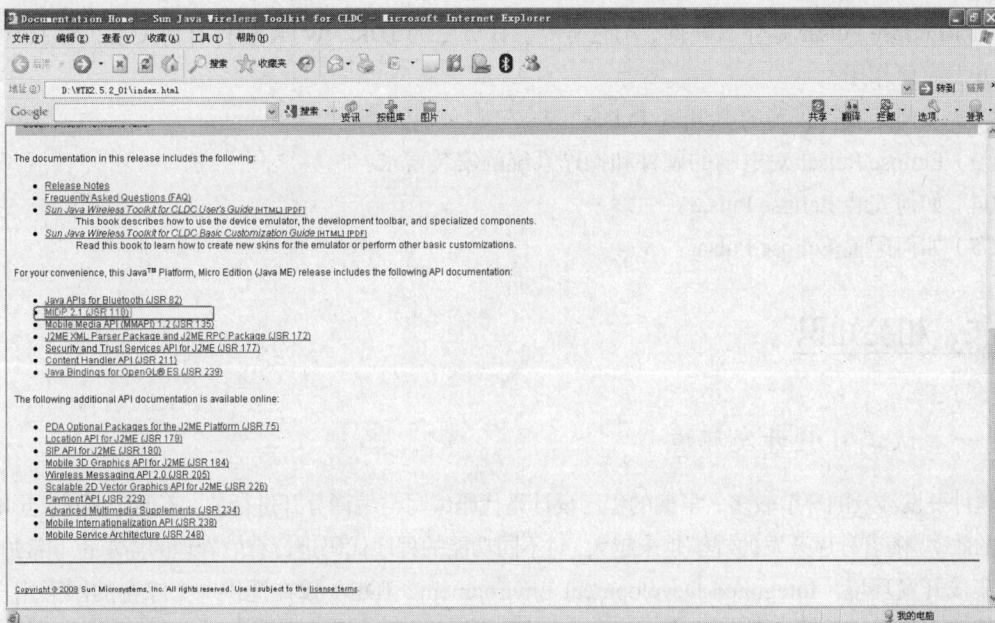

图 1-43  MIDP 2.1 文档位置

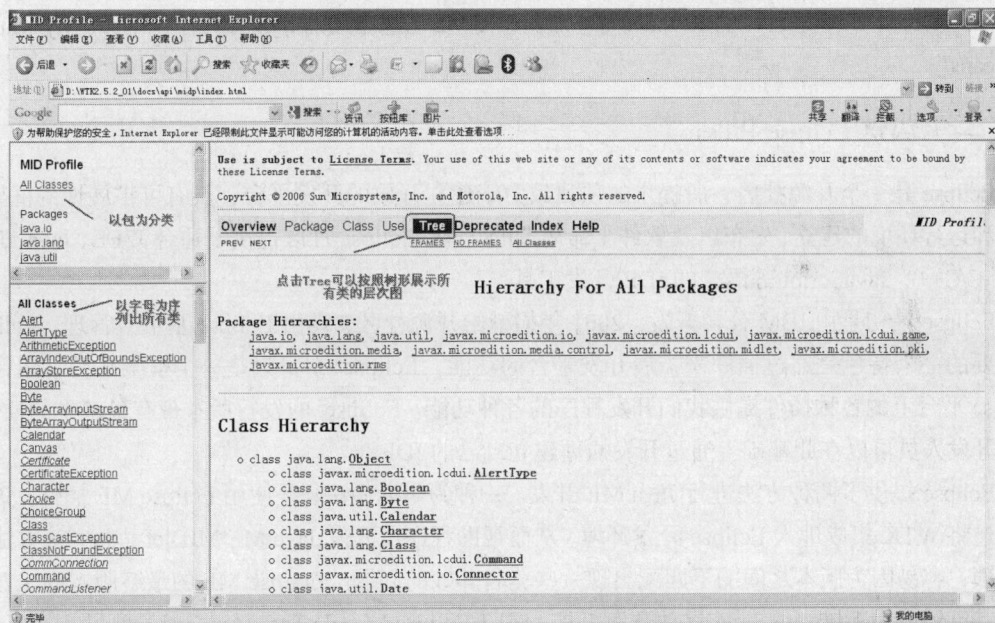

图 1-44  MIDP 文档的内容布局

# 任务三  安装 Eclipse Pulsar

## 一、任务分析

本次任务要求完成 Eclipse Pulsar 的下载、安装和配置。要完成本次任务，需要思考如下几个问题。

（1）Eclipse Pulsar 是什么软件，与任务一、任务二的 JDK、WTK 软件有何关系，对 Java ME 项目开发有何作用？

（2）从何处获得正确的 Eclipse Pulsar？

（3）Eclipse Pulsar 对电脑的硬件和操作系统的安装要求？

（4）如何安装 Eclipse Pulsar？

（5）如何配置 Eclipse Pulsar？

## 二、相关知识

### （一）认识 IDE 开发环境

软件开发涉及的环节较多，早期的程序设计是代码编写与编译分开进行的，不便于调试，影响了开发的效率。随着程序开发的规模越来越大，对不同功能的程序代码进行有效管理的需求也非常迫切。

集成开发环境（Integrated Development Environment，IDE）旨在提供一个综合的图形用户开发环境，方便程序员进行软件开发。一般集成了程序生成器、代码编辑器、编译器、调试器和发布器等，具有代码编写、管理、分析、编译、调试和发布等功能。比较著名的 IDE 开发环境有微软的 Visual Studio.NET，Boland 的 JBuilder 等。开发 Java ME 程序常用的 IDE 工具有 Eclipse、MyEclipse、NetBeans。

### （二）认识 Eclipse Pulsar

Eclipse 是一个开源社区，所提供的项目致力于建立开放的开发平台，具有可扩展性的框架、工具和运行环境的建立、发布以及软件生命周期的管理。Eclipse 社区提供了适合 J2EE、Java、Java ME、C/C++、JavaScript 等语言的 IDE 开发工具。

Eclipse 最初是由 IBM 公司开发，2001 年捐献给开源社区，现由 Eclipse 基金会管理。Eclipse 很重要的一个特色是通过插件来扩展开发平台的功能。Eclipse 本身只是一个框架平台，运行在 Eclipse 平台上的各种插件提供我们开发程序的各种功能。Eclipse 的发行版本带有最基本的插件，软件开发人员可以在此基础上通过开发插件建立自己的 IDE。

Eclipse 提供了两种方法进行 Java ME 开发。一种为早期做法，是使用 Eclipse ME 插件，该插件通过将 WTK 集成进入 Eclipse 开发环境，从而帮助程序员开发 Java ME MIDlet 程序。该方法较为烦琐，容易因为版本之间的不匹配出现一些莫名其妙的问题。Eclipse ME 的最终版本为 1.79，由于其已经成为新推出的 Java 移动开发工具 MTJ（Eclipse Mobile Tools for Java）项目的一部分，新版本的 Eclipse ME 不再推出。第二种方法是新的方法，2009 年，Eclipse 推出了专门针对移动开发者的 Pulsar 平台，它包括 Eclipse 平台、Java 开发工具、MTJ 等。Pulsar 的安装使用更为方便，还支持从不同的移动设备厂商中方便地下载 SDK，已成为主流的移动开发 IDE。将任务二的 WTK 绑定到 Eclipse Pulsar 中，将能够大大提高开发者的工作效率。

Eclipse Pulsar 提供很多快捷键来帮助我们更好地编写代码，下面列出常用的几个快捷键，读者可以根据需要进一步查找相关资料。

（1）Ctrl+Shift+O：自动导入代码中用到类的所属包。

（2）Alt+/：代码助手完成一些代码的提示插入，如类名补全，方法提示等。

（3）Ctrl+Shift+F：格式化当前代码，使代码整齐。

（4）Ctrl+/：注释当前行，再按则取消注释。

（5）Ctrl+D：删除当前行。

（6）Ctrl+T：快速显示当前类的继承结构。

Eclipse Pulsar 的使用很直观，本节将对 Eclipse Pulsar 的主要界面进行介绍（见图 1-45）。Eclipse Pulsar 的主界面布局主要由菜单、工具栏、视图（View）、透视图（Perspective）切换器、编辑器组成。

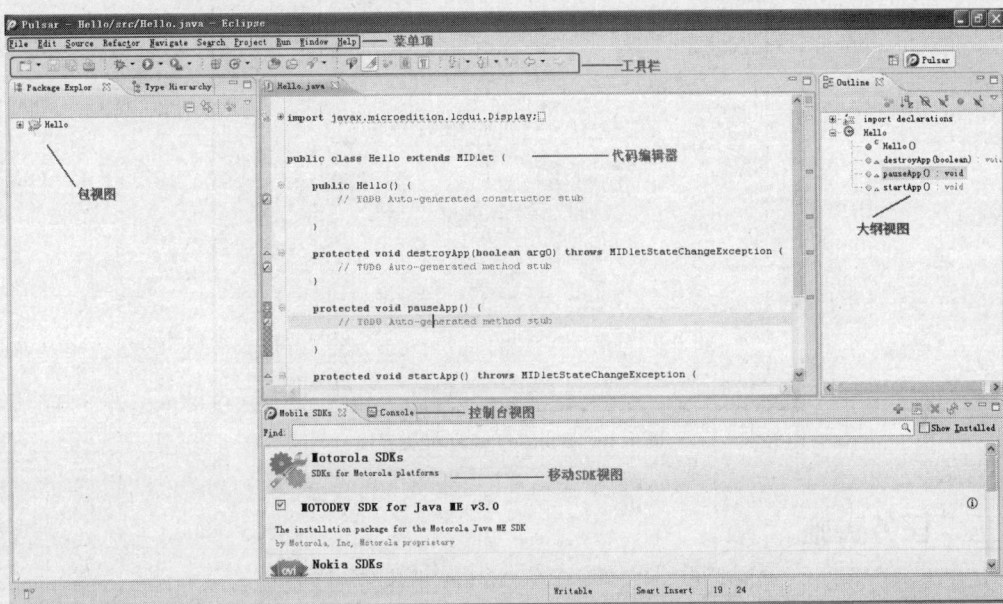

图 1-45　Eclipse Pulsar 界面

菜单包含了 Eclipse Pulsar 提供的大部分功能，下面介绍几个重要的菜单项操作：

（1）【Window】→【Open Perspective】：打开切换特定的透视图。

（2）【Window】→【Reset Perspective…】：恢复默认的透视图设置。当不小心关闭 Eclipse 的某些默认窗口，可使用该操作进行恢复。

（3）【Window】→【Show View】：打开特定的视图。当视图不小心关闭后，可以通过下列菜单再次打开。

（4）【Project】→【Clean…】：将工程中旧的.class 文件删除，同时重新编译工程。当遇到莫名其妙的报错时，可以选择该操作。

（5）【Search】→【File】：可在 Java 项目中搜索包含特定文字的代码。

一个透视图相当于一个自定义的界面，保存了当前的菜单栏，工具栏按钮以及视图的大小、位置、显示与否的所有状态，例如：Eclipse Pulsar 打开时呈现的界面布局就是一个透视图。Eclipse Pulsar 提供了多种透视图，以方便用户在不同的开发环境下工作，例如：调试透视图、Pulsar 透视图。单击 按钮可以显示多个透视图供切换。

视图是显示在主界面中的一个小窗口，主要是起到信息展示的作用，可以单独最大化或最小化显示，调整显示大小和位置，以及关闭。下面简要列举几个主要的视图。

（1）包浏览视图（Package Explore）以包层次显示程序的各个类。

（2）大纲形式视图（Outline）展示某个类的成员变量和方法。

（3）控制台视图（Console）展示程序的运行输出。

（4）移动 SDK 视图（Mobile SDKS）展示可下载的手机厂商的 SDK。

在菜单【Window】→【Preferences】中，可以对 Eclipse Pulsar 中常用的属性进行配置，如代码字体大小和颜色、代码行数的显示，如图 1-46 所示。

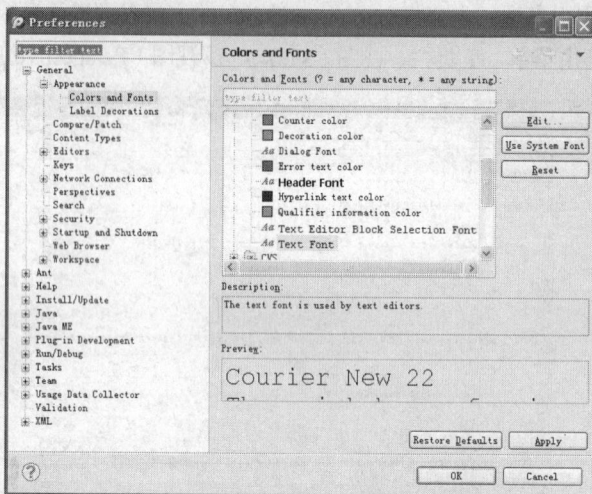

图 1-46　Eclipse Pulsar 配置界面

## 三、任务实施

### （一）Pulsar 的下载和安装

Pulsar 的下载比较简单，主要的步骤如下。

（1）登录 Eclipse 基金会的 Pulsar 软件下载主页：http://eclipse.org/pulsar/，如图 1-47 所示。

图 1-47　Eclipse 基金会主页

（2）单击【Download Pulsar】，进入 Pulsar 软件下载页面。页面显示各种平台版本的 Pulsar 软件，单击相应版本的软件，即可下载，如单击【Windows 32-bit】，如图 1-48 所示。

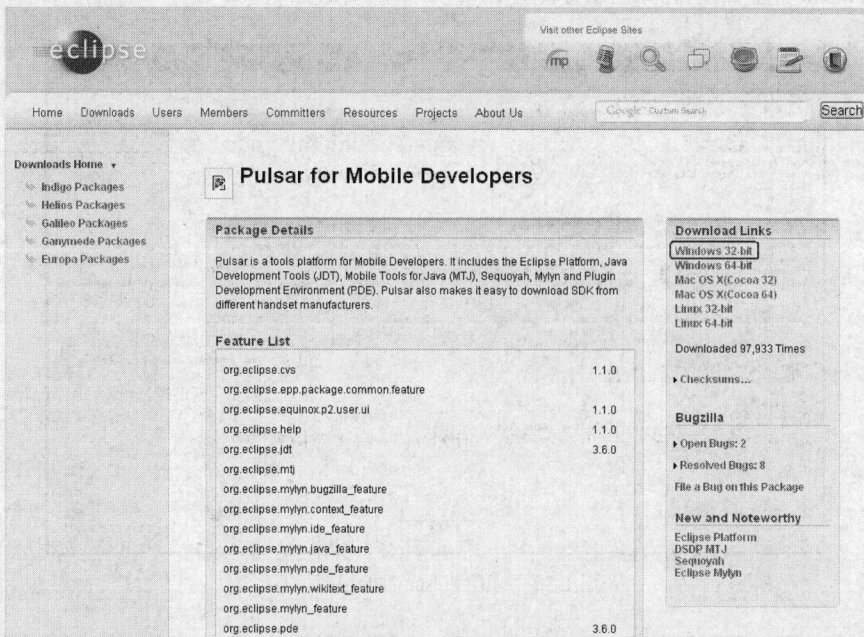

图 1-48　Pulsar 的下载位置

（3）Eclipse 还提供了很多不同用途的 IDE，可以到 http://www.eclipse.org/downloads/ 上下载所需要的 IDE 软件，如图 1-49 所示。

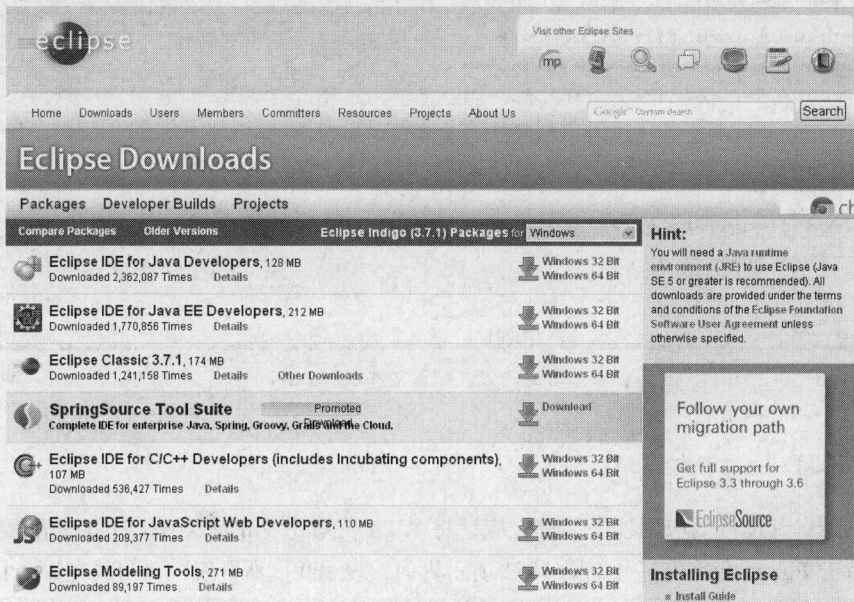

图 1-49　Eclipse 提供的 IDE 软件的下载页面

（4）若单击【[China] Amazon AWS (http)】，是以 Http 方式下载。若单击【BitTorrent】则是以

BT 形式进行下载。

下载 Pulsar 之后不需要进行安装，直接解压后，单击文件【eclipse.exe】即可使用。但需要注意有可能 Pulsar 不能直接打开，出现如图 1-50 所示的错误。

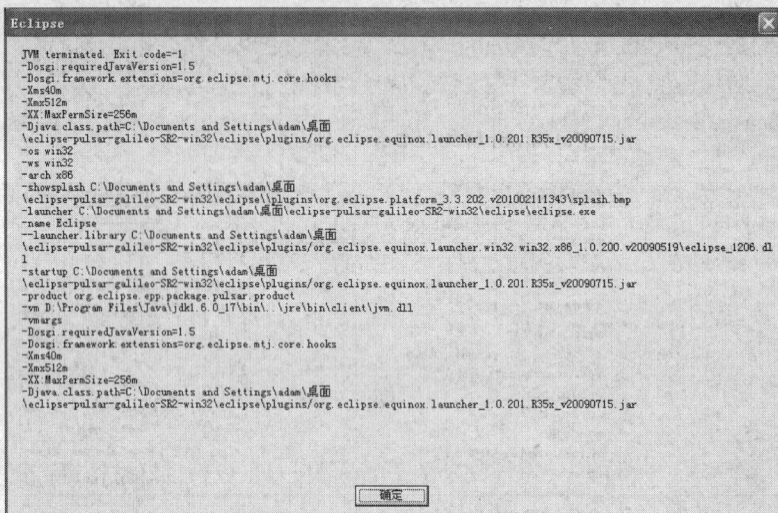

图 1-50　打开 Pulsar 时的报错信息

出现这种错误的原因可能是 JVM Heap（堆内存）所允许的最大尺寸过大。解决的方法是在 Eclipse 目录下打开【eclipse.ini】文件，将 JVM Heap 允许的最大尺寸设置为 256m，对其进行如图 1-51 所示的修改。

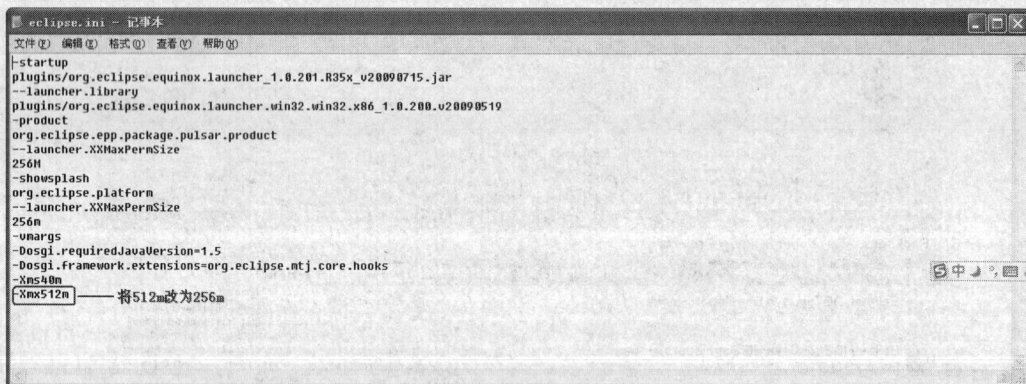

图 1-51　修改配置文件 eclipse.ini

## （二）在 Pulsar 中加入 WTK

使用 Pulsar 开发移动应用程序，首先应该将 WTK 配置进 Pulsar 当中。下面是配置的步骤。

（1）单击 Pulsar 会首先打开如图 1-52 所示界面，表示我们所开发的项目放在哪个目录下。若在【Use this as the default and do not ask again】选项框中打上勾，下次登录则不再提示，直接以预设的目录作为项目的存放目录。

（2）第一次打开 Pulsar 显示下图界面，单击【Workbench】可进入开发界面，如图 1-53 所示。

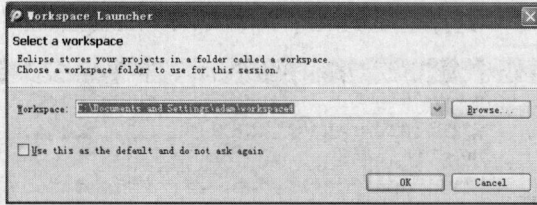

图 1-52  选择 Pulsar 的工作空间

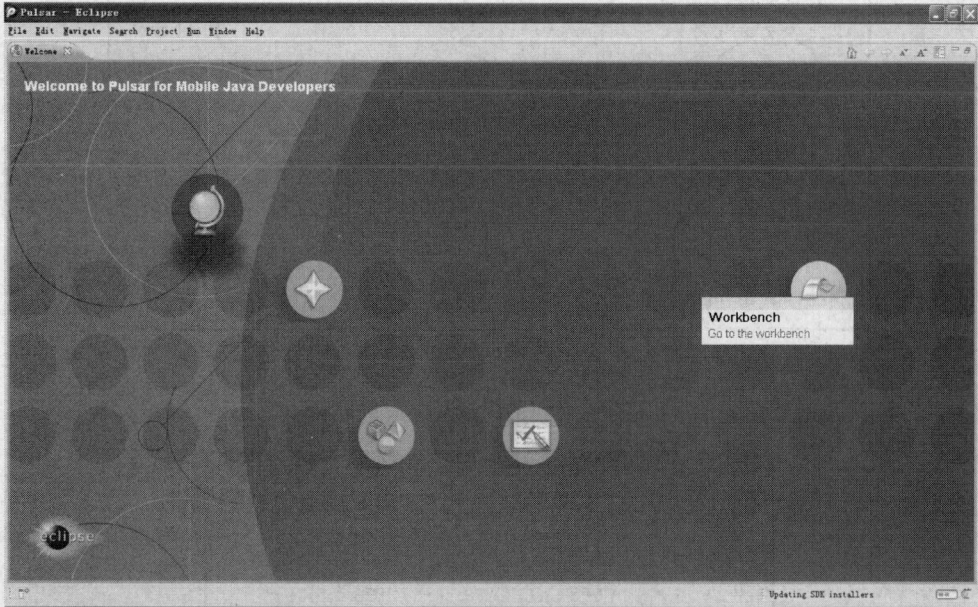

图 1-53  首次打开 Pulsar 的界面

（3）选择菜单选项中的【Window】→【Preferences】，如图 1-54 所示。

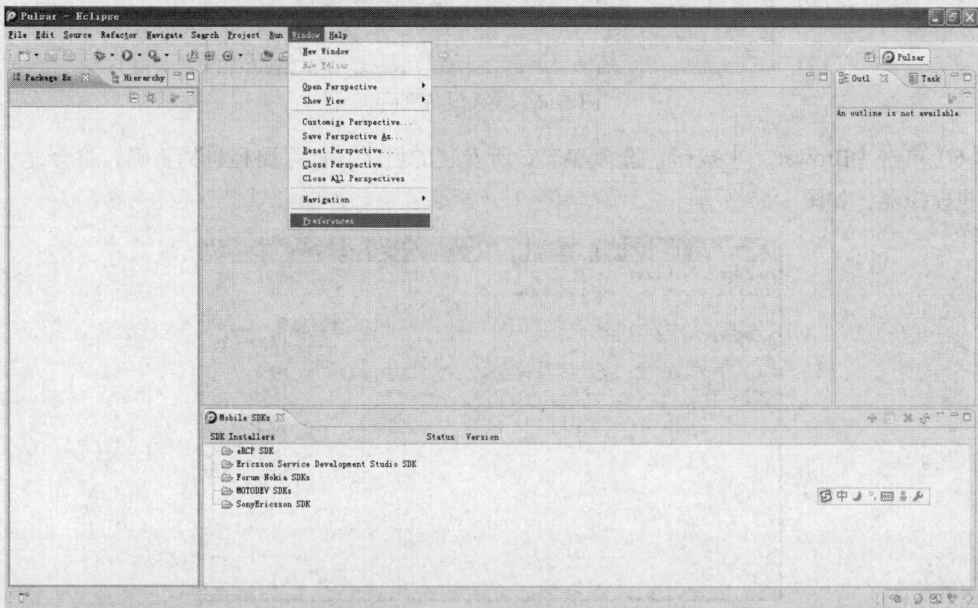

图 1-54  进入 Pulsar 的喜好配置

（4）从打开的配置窗口中选择【Java ME】→【Device Management】，如图 1-55 所示。

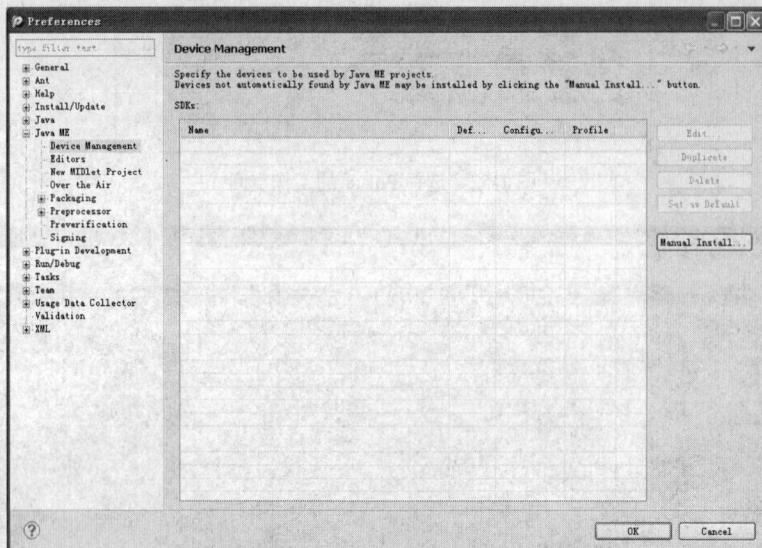

图 1-55　设备配置界面

（5）单击【Manual Install…】按钮，进入图 1-56 所示页面。

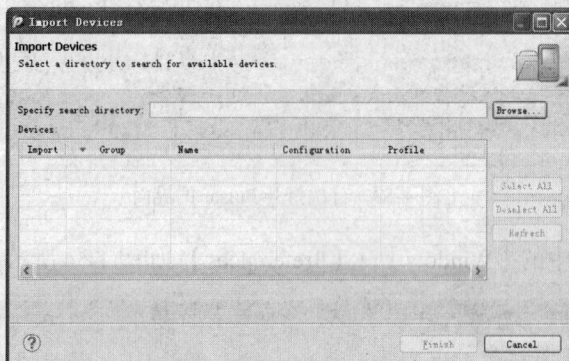

图 1-56　导入设备页面

（6）单击【Browse…】按钮，选择 WTK 所安装的目录，如果路径选择正确，将会显示出 4 个手机模拟器，如图 1-57 所示。

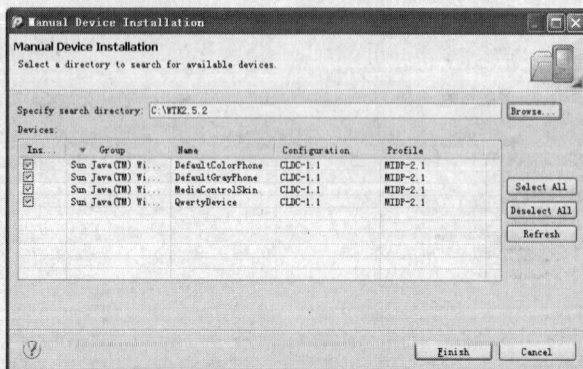

图 1-57　导入 WTK 设备

（7）选择【Finsh】按钮后得到如图 1-58 所示界面，单击【OK】按钮即可配置完成。

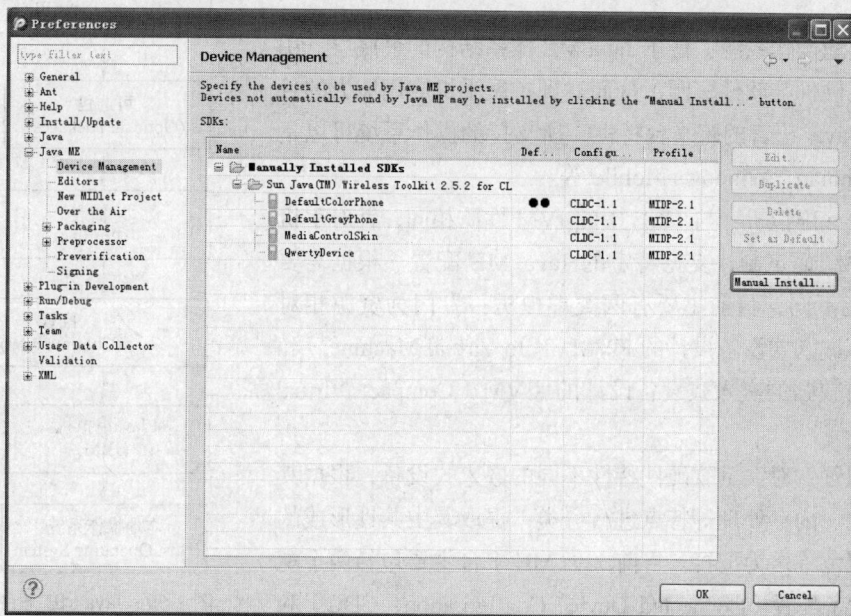

图 1-58　设备管理界面

# 任务四　测试开发环境

## 一、任务分析

检查 Java ME 开发环境是否已经建立成功，要看前面任务一、任务二、任务三的软件安装配置是否能够正常工作。一个比较简单直接的方法是尝试通过 IDE 开发环境开发一个 Java ME 程序，并测试是否能够正常运行。要完成本次任务，需要思考如下几个问题。

（1）开发一个 Java ME 程序的主要步骤有哪些？

（2）如何运行一个 Java ME 程序？

（3）如何调试一个 Java ME 程序？

## 二、相关知识

### （一）Java ME 基本概念

Java ME 支持的对象主要是消费类电子设备，根据处理能力和供电条件来划分，消费类电子设备大体有两种：一种是 PDA、手机等运算功能和电力供应有限的设备；另一种则是机顶盒、电冰箱等运算能力相对较高，电力供应相对充足的设备。

针对消费类电子设备的特点，Java ME 提供 Java 微缩版的 API，其平台结构主要由 6 部分组成，层次从低到高分别为本地操作系统、Java 虚拟机、配置、可选包和 Java ME 程序，如图 1-59 所示。

（1）本地操作系统：位于 Java ME 体系结构的最底层，用于管理手机硬件与软件资源，从而达到扩展手机应用能力的目的。由于 Java 语言的跨平台特性，所支持的操作系统可以是 Linux、Symbian、Windows Mobile 等。

（2）Java 虚拟机：与 J2SE 中的 JVM 性质相同，针对手机本地操作系统而定制，支持特定的 Java ME 配置。根据需要提供的功能不同，目前主要有两类虚拟机：专门为资源相对受限的小型嵌入式设备设计的 KVM（Kilo Virtual Machine,）和为性能相对较强的嵌入式设备设计的 CVM（Compact Virtual Machine）。

（3）配置：对大量软硬件特性不同的嵌入式设备，根据其外观、性能、内存处理等特点进行分类，提取其中共性形成的一套通用规范称之为配置。目前 Java ME 平台主要包括两个配置：连接设备配置（Connected Device Configuration，CDC）和

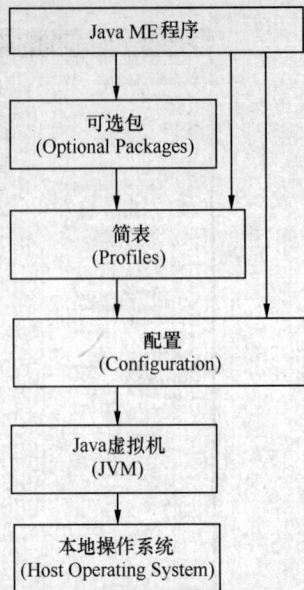

图 1-59　Java ME 平台体系结构

连接受限设备配置（Connected Limited Device Configuration，CLDC）。如果配置是 CDC，采用的虚拟机为 CVM；如果配置是 CLDC，则采用的虚拟机为 KVM。CLDC v1.0 规范中定义的 4 个包 java.io、java.lang、java.util 与 javax. microedition.io，提供 Java 语言和 CLDC 设备所支持的基本功能，其中前 3 个包是 J2SE 中同名包的子集。

（4）简表：位于配置之上，为运行环境提供高层的 API。目前 CLDC 上有两种简表，一种是 KJava，另一种是移动信息设备简表（Mobile Information Device Profile，MIDP），后者是目前应用最广泛的简表，专门为手机开发提供用户界面、持久存储器、网络等 API，本书后面的章节将进行重点介绍。MIDP 所定义的其他包有 javax. microedition.midlet、javax.microedition.lcdui、javax. microedition.lcdui.game、javax.microedition.rms 等，提供诸如程序生命周期控制、用户界面、游戏、持久存储这样的功能。

（5）可选包：支持特定设备的特定属性，以可选的形式提供一系列的 API 集合以进一步扩展 Java ME 的功能，并不适合作为一项特性定义到 MIDP 中。在利用可选包进行开发时，需要注意手机是否支持。比较常见的可选包有移动 3D 图形规范（Mobile 3D Graphics API for Java ME，JSR 184）、蓝牙 API 规范（Java™ APIs for Bluetooth，JSR 82）、移动多媒体规范（Mobile Media API，JSR 135）等。

（6）Java ME 程序：位于最顶层，是我们在 Java ME 平台下开发的程序，这些程序需要调用简表、配置或者可选包。

### （二）认识手机模拟器

手机模拟器（Mobile Emulator）的作用是在电脑上模拟手机环境，从而可以在电脑上进行手机程序开发、调试和发布。针对不同平台、不同型号的手机有不同的手机模拟器。例如有 Android 手机模拟器、Windows Mobile 手机模拟器、三星手机模拟器、诺基亚手机模拟器。也有一些模拟器开发较为通用，例如手机顽童模拟器。任务二安装的 WTK，自带了 4 个手机模拟器，这些手机模拟器的屏幕长宽不相同，或者背景颜色不一样，如图 1-60 所示。

图 1-60 WTK 自带的手机模拟器

## （三）Java ME 程序的生命周期

Java ME 程序实际上是利用 MIDP 进行开发的，因此也称为 MIDP 应用程序。开发 MIDP 应用程序应编写一个类继承 MIDlet 抽象类，该类是 Java ME 程序执行的入口。MIDlet 是一个 MID 简表应用程序，受应用管理软件的控制。MIDP 简表提供一种标准的运行环境，允许在移动终端设备上动态地配置新的应用程序和服务。MIDlet 抽象类为应用管理软件定义了启动、暂停和销毁一个 MIDlet 的方法，位于 java.microedtion.midlet 包中，因此，所有的 MIDlet 必须引入这个包：importjavax.microedtion.midlet. MIDlet。

Java ME 中的应用管理软件可以对多个 MIDlet 进行管理。MIDlet 的生命周期有 3 个状态，分别是暂停状态（Pause）、运行状态（Active）和销毁状态（Destroyed）。在启动一个 MIDlet 的时候，应用管理软件会首先创建一个 MIDlet 实例并使它处于暂停状态，当 startApp()方法被调用的时候 MIDlet 进入运行状态。在运行状态调用 destroyApp（Boolean unconditional）或者 pauseApp()方法时可以使 MIDlet 进入销毁状态或者暂停状态。图 1-61 所示为 MIDlet 程序的生命周期状态图。

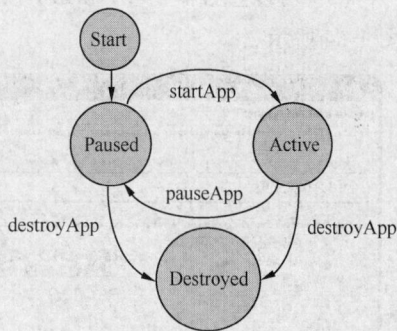

图 1-61 MIDlet 程序的生命周期

## 三、任务实施

## （一）开发第一个 Java ME 程序

开发一个 Java ME 程序主要分为 3 步：第一步是创建一个 MIDlet 项目；第二步是在项目中创建 MIDlet 类；第三步是根据项目的需要在 MIDlet 类中编写代码，或者新创建其他类，在 MIDlet 类中进行引用。

（1）首先创建一个 MIDlet 项目，在 Pulsar 中的【Package】视图中，单击鼠标右键，选择

【New】→【MIDlet Project】，如图 1-62 所示。

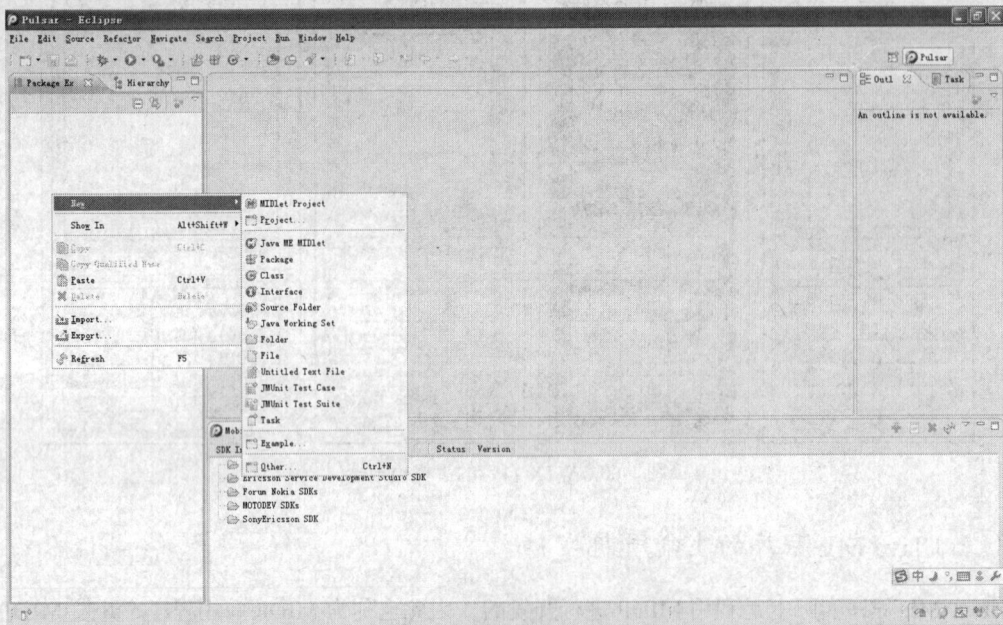

图 1-62　创建 MIDlet 项目

（2）在项目属性中的【Project name】中输入项目名（可以根据个人需要起能够反映项目特征的名字，最好是用英文，不要用中文），这里我们写 HelloWorld，如图 1-63 所示。

（3）可以直接单击【Finish】按钮完成配置，也可以单击【Next】按钮做进一步的配置，如图 1-64 所示。

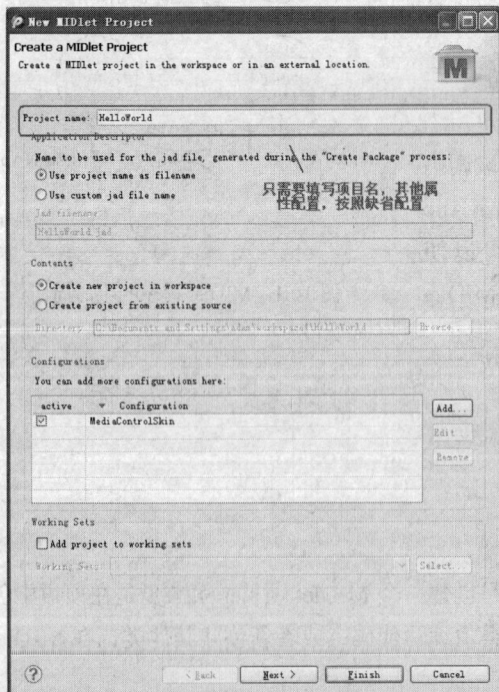

图 1-63　编写 MIDlet 项目名字

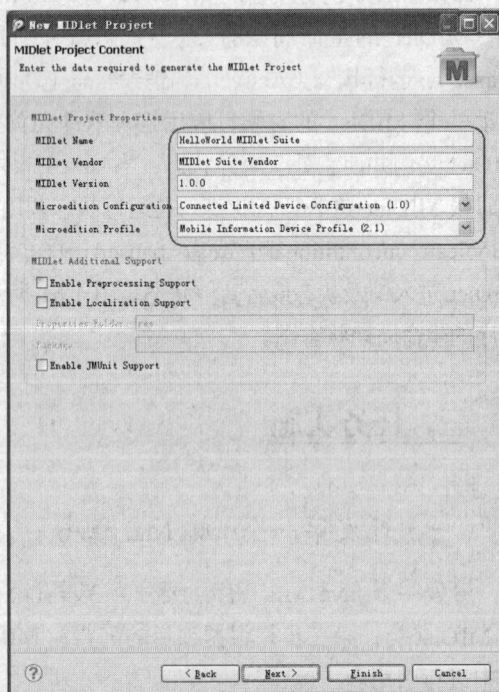

图 1-64　编写 MIDlet 项目信息

（4）单击【Next】按钮，如果 WTK 的配置有问题，将会出现如图 1-65 所示的对话框，否则会进入图 1-66 所示的对话框。

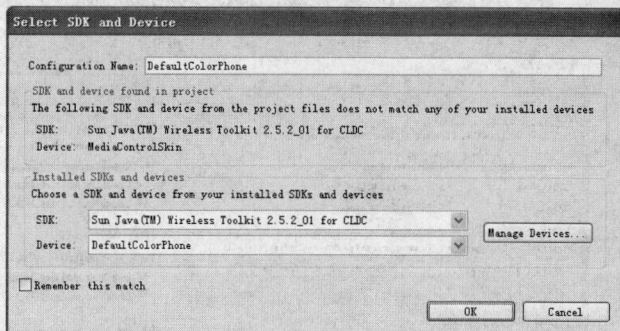

图 1-65 选择 SDK 和设备

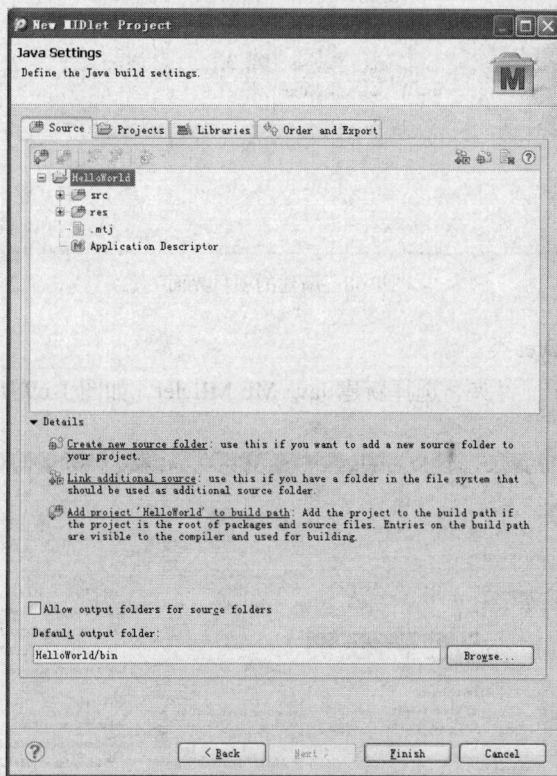

图 1-66 MIDlet 项目设置

（5）单击【Finish】按钮后会提示如图 1-67 所示的信息，表示打开支持 Java ME 开发的 MTJ 透视图，单击【Yes】按钮即可。

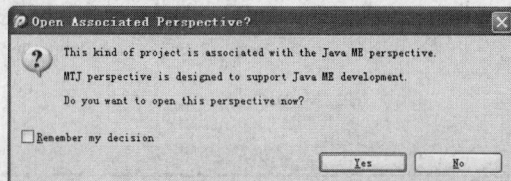

图 1-67 询问是否打开 Java ME 透视图

最后，成功建立好第一个 MIDlet 项目后的界面，如图 1-68 所示。

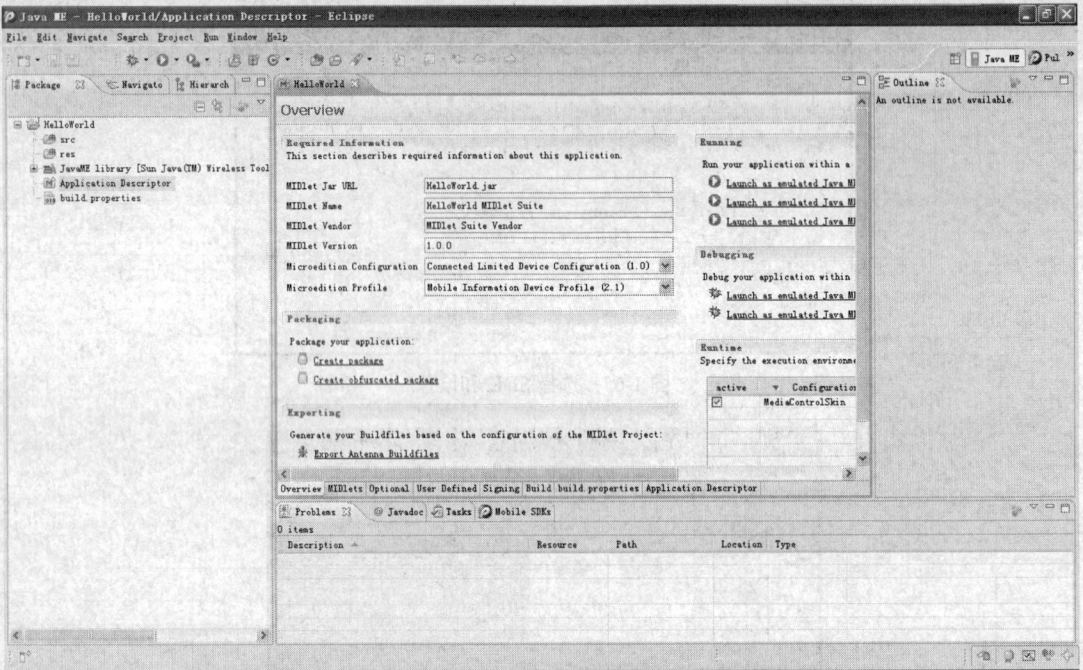

图 1-68　新建的项目界面

下面来创建一个 MIDlet 类。

（1）右键单击【src】文件夹，选择新建 Java ME MIDlet，如图 1-69 所示。

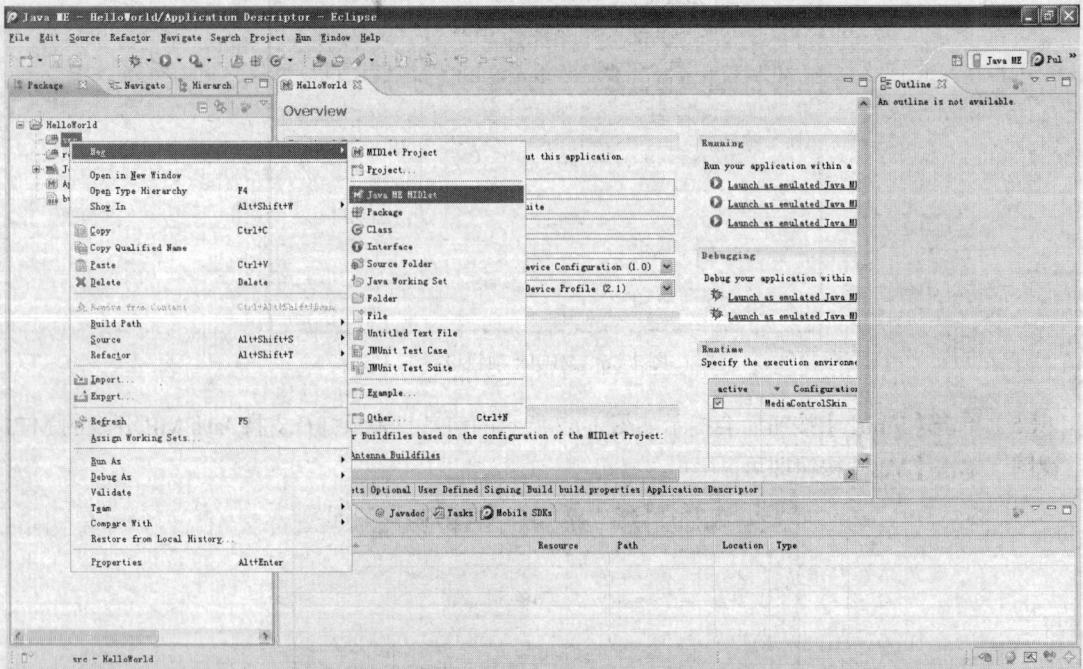

图 1-69　通过菜单新建 Java ME MIDlet

（2）在图 1-70 所示页面中输入 MIDlet 的名字，单击【Finish】按钮后即可，如图 1-70 所示。

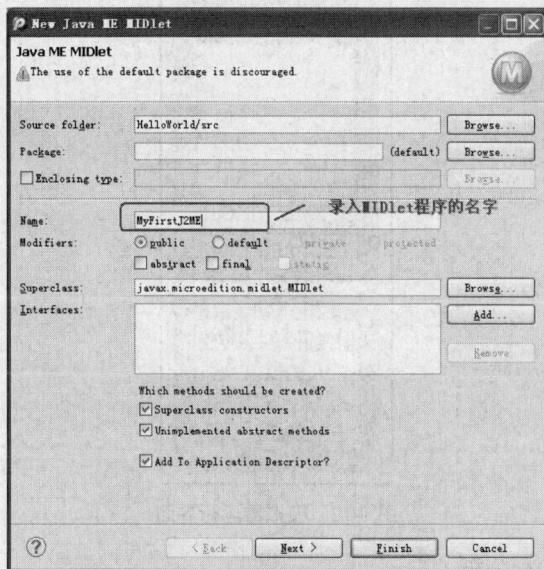

图 1-70　MIDlet 类信息设置

（3）单击【Finish】按钮后，将自动生成一个 MIDlet 程序，选中刚生成的程序"MyFristJ2 ME.j ava"，用鼠标右键单击【Run As】→【Emulated Java ME MIDlet】，如图 1-71 所示。

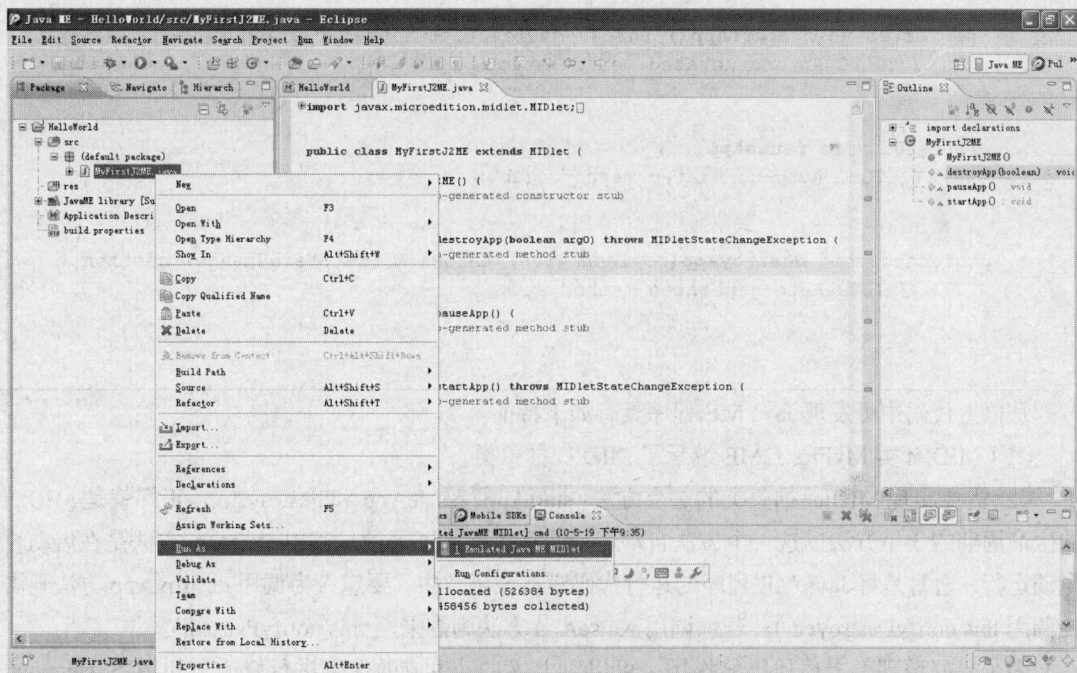

图 1-71　使用模拟器运行 Java ME 程序

如果程序运行成功，将会弹出图 1-72 所示的一个手机模拟器界面，代表我们所运行的 Java ME 程序。本例中没有编写任何代码就可以生成一个手机应用程序，只是目前在手机界面上没有任何显示信息。

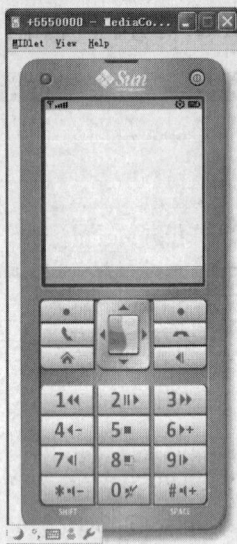

图 1-72　模拟器运行界面

下面对生成的代码进行分析。

```java
import javax.microedition.midlet.MIDlet;
import javax.microedition.midlet.MIDletStateChangeException;
public class MyFirstJava ME extends MIDlet {
public MyFirstJ2ME() {
        // TODO Auto-generated constructor stub
    }
    protected void startApp() throws MIDletStateChangeException {
        // TODO Auto-generated method stub

    }
    protected void pauseApp() {
        // TODO Auto-generated method stub

    }
    protected void destroyApp(boolean arg0) throws MIDletStateChangeException {
        // TODO Auto-generated method stub

    }
}
```

从以上代码中可发现 Java ME 程序具有如下特征。

（1）MIDlet 类 MyFirstJ2ME 继承了 MIDlet 抽象类。

（2）需要实现 MIDlet 抽象类的 3 个方法：startApp、pauseApp 和 destroyApp，正好就是 MIDlet 的生命周期的 3 个方法。这 3 个方法自动运行，不需要人工干预。其中 startApp 方法是在启动时自动运行，通常是将 Java ME 程序的运行代码写在该函数中。要想人为调用 destroyApp 方法则需要调用 this.notifyDestroyed()。若想调用 pauseApp 方法则需采用 this.notifyPaused()。

为了更好地理解上述代码的作用，可以对上述自动生成的代码进行修改，利用 System.out.println() 输出相应的信息，以便于更好地理解 MIDlet 程序的生命周期。

## （二）调试 Java ME 程序的方法

我们编写的程序很难保证一次就会编写成功，查找和修改程序中的错误是令人头痛的事，几乎每一个稍微复杂一点的程序都可能经过若干次的调试和修改才最终完成。在应用程序中发现并排除错误的过程叫做调试。通过对程序的调试既可以发现发生错误的代码，也便于更好地了解掌握程序的内部执行过程。掌握 Java ME 程序的调试方法，对于快速诊断程序代码中的错误至关重要。在 Pulsar 中对 Java ME 进行调试，需要进行如图 1-73 所示的配置。

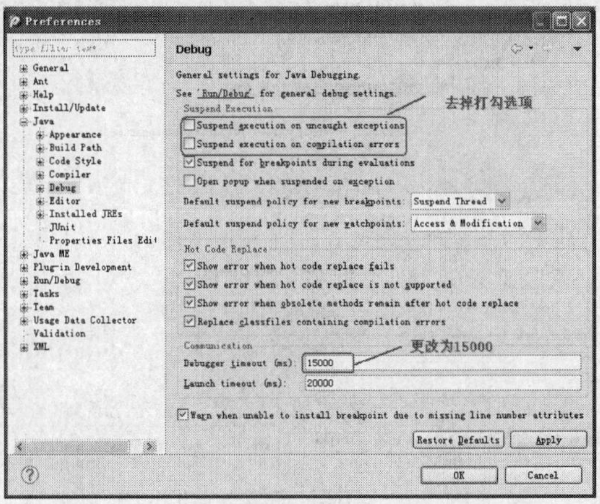

图 1-73　调试设置页面

断点调试是程序调试技术中的一种重要方法。断点是一个信号，它通知调试器，在某个特定点上暂时将程序执行挂起，使得程序员可以进入到调试环境下，观察程序的运行状态，例如变量值的变化，可由程序员手工逐步运行程序，从而使程序员更好地掌握程序的内部运行情况，以便更快诊断到有问题的代码。

在 Eclipse 中对 Java ME 进行调试的方法很简单，和其他的 IDE 工具很类似。

（1）对需要进行调试的地方（怀疑有错误的代码）设置断点（设置方法为用鼠标左键双击代码行）当程序以调试方式运行之后，运行到所设置的断点地方，将会停下来由用户进行调试，如图 1-74 所示。

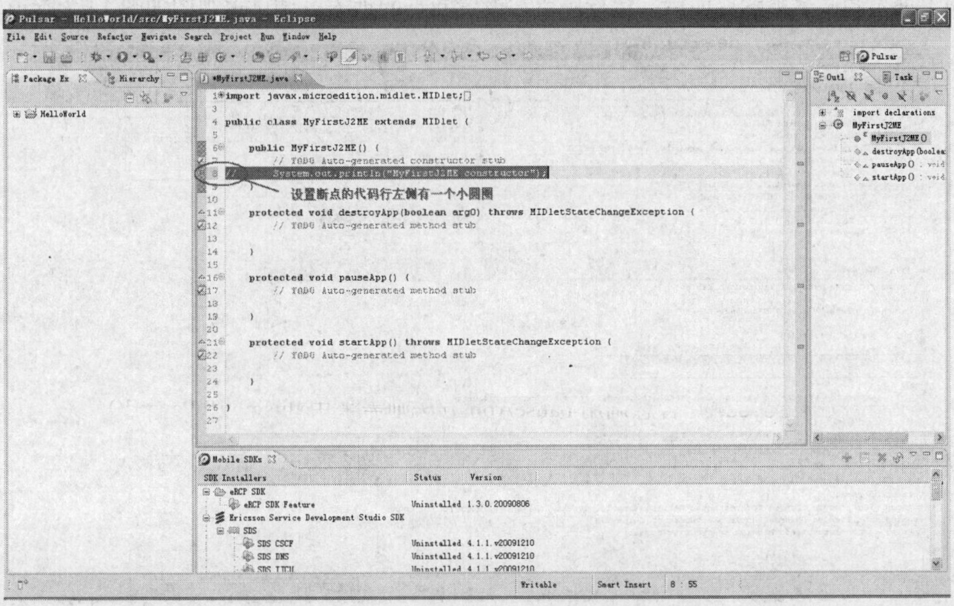

图 1-74　设置断点

（2）左键单击如图 1-75 所示的【Debug As】选项→【Emulated Java ME MIDlet】让程序以调试方式运行。

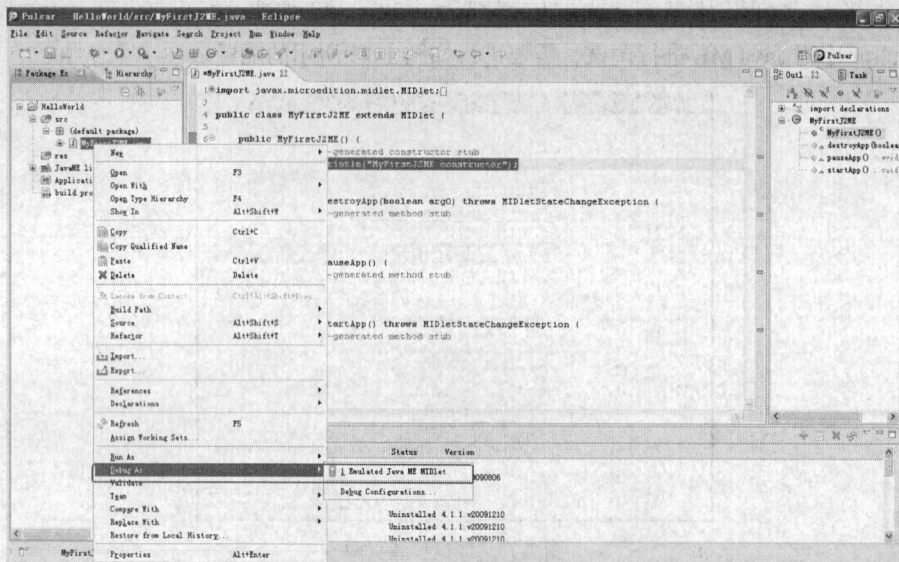

图 1-75　以调试方式运行

（3）提示进入调试透视图界面，单击【Yes】按钮即可，如图 1-76 所示。

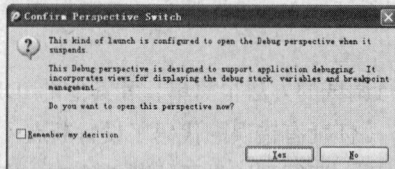

图 1-76　询问切换调试透视图

（4）进入调试透视图界面后，运行停留在设置断点的地方，调试透视图如图 1-77 所示。

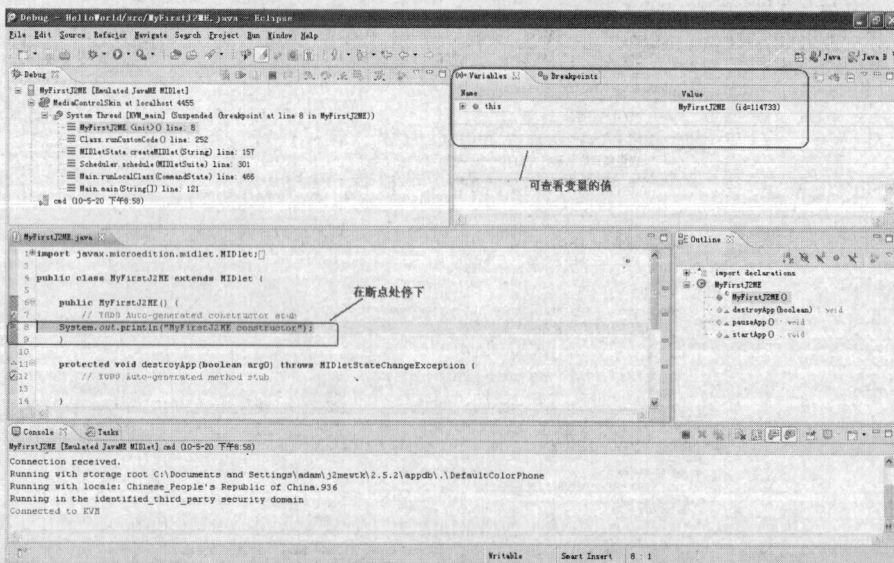

图 1-77　调试透视图

可通过快捷键进行调试，其中 F8（Resume）是进入继续执行，Ctrl+F2（Terminate）表示终止执行，F5（Step Into）表示单步进入调试（如果所在位置为函数，则继续进入该函数内部继续调试），如图 1-78 所示，F6（Step over）表示单步跳过调试（如果所在位置为函数，则执行该函数，但不进入函数内部调试）。

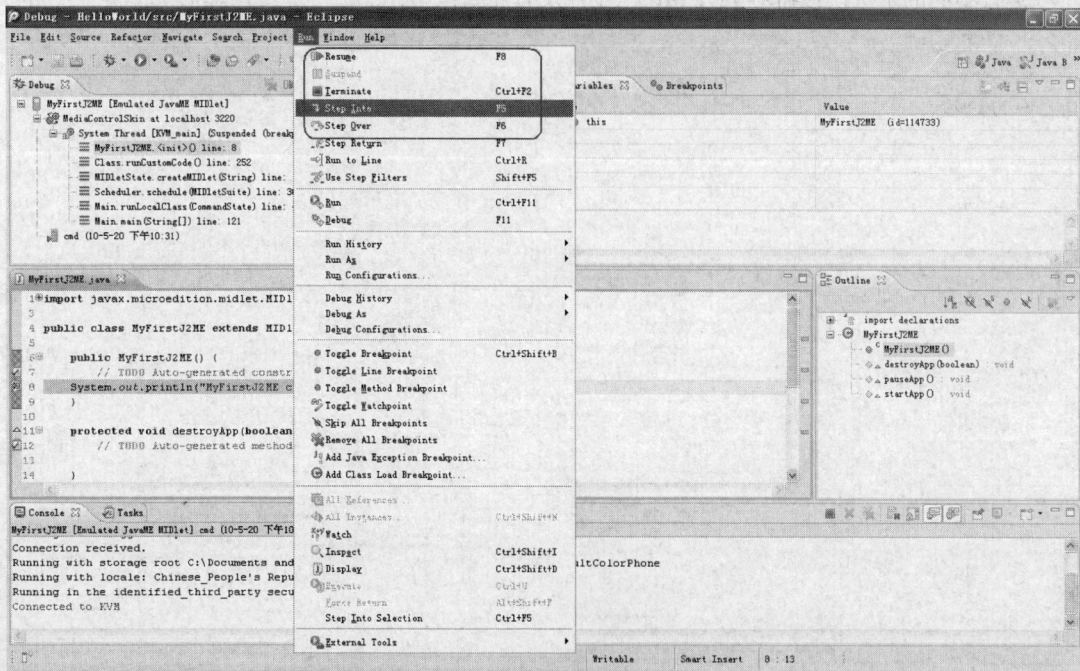

图 1-78　在 Run 菜单上进行单步调试

# 实训项目

## 实训项目 1　建立 Java ME 开发环境

1．实训目的与要求

学会下载、安装和配置 Java ME 开发环境所需的软件，建立 Java ME 程序的开发环境。

2．实训内容

实训内容为任务一、任务二、任务三中项目实施内容，按照规划任务内容，实施实训。

3．思考

如何在 Eclipse Pulsar 中加入其他厂商的手机模拟器？

## 实训项目 2　开发运行一个简单的 Java ME 程序

1．实训目的与要求

学会利用 Eclipse Pulsar 自动生成一个 Java ME 程序，并使用不同的模拟器运行，以便对 Java

ME 程序的开发步骤有初步的认识。

2. 实训内容

实训内容为任务四中项目实施内容，按照规划任务内容，实施实训。

3. 思考

运行不同的手机模拟器对 Java ME 程序开发有什么作用？

# 开发标准体重计算器

## 背景知识

### 一、常见的手机硬件参数知识

手机软件与手机的硬件有很大的关系，如果对手机常见的硬件参数有了解，将有助于程序员更好地开发适合于手机硬件的软件产品，也有利于提高软件作品的可移植性。

1. 分辨率

手机屏幕尺寸分为物理尺寸和显示分辨率两个概念。物理尺寸是指屏幕的实际大小。在屏幕上看到的画面其实都是由一个个小点组成，这些小点又称为像素。屏幕分辨率反映的是在物理尺寸下可以显示的像素数量。分辨率是以乘法形式表现，比如手机常见的240×320，其中"240"表示屏幕上水平方向显示的点数，"320"表示垂直方向的点数。分辨率越大表示像素的数量越多，内容显示就越清晰，因此这个指标是决定画面好坏的最主要因素。两台手机的物理尺寸一样并不表示其分辨率相同，而不同物理尺寸的手机，可以都显示相同的分辨率，例如2.2英寸诺基亚6 700s和2.6英寸的索尼爱立信W995都具有240×320像素（QVGA）。分辨率比值是分辨率中横向像素与竖向像素的比值，例如240×320的分辨率比值为3:4。流行的手机分辨率很多，也有很多的名词术语，下面对此进行解释。

VGA：全称是Video Graphics Array，支持480×640像素，是IBM计算机的一种显示标准，是现在绝大多数分辨率的基准。

QVGA：全称是Quarter VGA，意思是VGA分辨率的1/4，支持240×320像素。目前大部分的手机都采用这种分辨率，如索尼爱立信S500c、三星S3650C、摩托罗拉A1800、诺基亚E66等。

HVGA：全称是 Half-size VGA，意思是 VGA 分辨率的一半，支持 320×480 像素。如 iPhone 和第一款 Google 手机 T-Mobile G1 采用的是这种分辨率。

WVGA：全称是 Wide VGA，意思是扩大了 VGA 的分辨率，支持 480×800 像素，如三星的 I9000，HTC 的 Desire HD 等。

FWVGA：全称是 Full Wide VGA，意思是扩大了 WVGA 的分辨率，支持 480×854 像素，如摩托罗拉的 Milestone 2，诺基亚 N900 等。

分辨率的高低直接导致了造型的大小及表现力，由于手机型号及操作系统的多样性，导致了一款游戏并不能不加改动地在不同的手机上运行。对于程序员而言，就要在设计之初考虑程序在屏幕上的自适应问题。

2. 色彩数量

屏幕颜色是由色阶来决定的。色阶是表示手机液晶显示屏亮度强弱的指数标准，也就是通常所说的色彩指数，表示了色彩的丰满程度。

目前手机的色阶指数从低到高可分为：最低单色，其次是 256 色、4 096 色、65 536 色、26 万色、1 600 万色。256 为 2 的 8 次方，即 8 位彩色；依次类推，65 536 色为 2 的 16 次方，即通常所说的 16 位真彩色；26 万为 2 的 18 次方，也就是 18 位真彩色；1 600 万为 2 的 24 次方，也就是 24 位真彩色。

目前手机能达到的色彩数量也是限制美术人员发挥的一个重要瓶颈。将色阶高的图片放到色阶低的手机上，会产生图片色彩的失真，有的颜色无法区分，色偏严重。所以，设计人员需要根据实际手机进行图片绘制。

此外，液晶屏幕由于其独特的发光原理，颜色的明亮度不高，在强光下色彩丰富的图像不能显示出原有的效果，特别是手机在户外显示时这种现象尤其明显。因此设计人员在设计手机游戏图片时一定要考虑这点，避免将色彩对比度设置得过于接近。

3. CPU

一台手机像电脑一样具有 CPU 和内存，特别是智能手机目前越来越普遍，更高的 CPU 硬件配置将成为手机发展的一个趋势。CPU 具有运算器和控制器功能，是手机的心脏，构成了系统的控制中心，对各部件进行统一协调和控制。主频是衡量手机 CPU 性能高低的一个重要技术参数，频率越高，表明指令的执行速度越快，指令的执行时间也就越短，对信息的处理能力与效率就越高。

从技术发展趋势来看，手机和电脑正逐渐走向融合，手机 CPU 的处理性能在近几年得到了较大的提高。下面介绍业界较有名的手机 CPU 厂商，大部分的手机产品采用了这些厂商的 CPU。

德州仪器（Texas Instruments）：是手机 CPU 的主要提供商，提供 OMAP 系列处理器，能够兼容 Linux、Symbian、Windows Mobile、Android 等主流操作系统，其优点是低频高能且耗电量较少，缺点是价格较高。

Marvell 公司：2006 年购买了 Intel 公司的通信及应用处理器业务，得到了 Intel 著名的针对嵌入式设备的 Xscale 处理器。其优点是主频高，速度快，但缺点是耗电大。

高通（QUALCOMM）公司：提供 Mobile Station Modems（MSM）芯片组、单芯片（QSC）以及 Snapdragon 平台，根据不同定位的手机，推出了经济型、多媒体型、增强型和融合型 4 种不同的芯片。其优点是主频高、集成度高，但缺点是多媒体处理能力有所欠缺。

在手机游戏中，特别是 3D 游戏，很多是由于 CPU 运算速度的限制，导致动画画面不流畅，对游戏动画效果造成了很大的影响。对此，程序员应该采取优化算法来改进画面质量，如局部刷帧、缓存技术等。

## 二、获取 Java ME 系统参数

Java ME 应用程序在运行时，有两个类可以获得系统的参数信息。

（1）第一个类是 System 类，使用 getProperty（String key）方法根据参数 key 值返回系统相应的属性。其中参数 key 表示的是系统的属性名字，它的取值有很多，常用的有 5 种。

① microedition.profiles：表示系统支持的所有 Profile 信息。

② microedition.configuration：表示系统支持的 Configuration 信息。

③ microedition.locale：表示系统目前使用的地区信息。

④ microedition.plarform：表示 MIDlet 在平台（或机器）的名称或型号。

⑤ microedition.encoding：表示系统预设使用的语言编码信息。

（2）第二个类是 Runtime 类。

① totalMemory( )方法返回 Java ME 虚拟机从操作系统占用的所有内存，返回的数值单位是字节。

② freeMemory( )方法返回 Java ME 虚拟机已占内存中还未使用的部分，返回的数值单位是字节。

下面对这两个类的用法进行举例说明，代码运行后将显示系统的属性信息。

```java
import javax.microedition.midlet.MIDlet;
import javax.microedition.midlet.MIDletStateChangeException;

public class GetPropertyExample extends MIDlet {
    public GetPropertyExample() {
        // TODO Auto-generated constructor stub
    }

    protected void destroyApp(boolean arg0) throws MIDletStateChangeException {
        // TODO Auto-generated method stub
    }

    protected void pauseApp() {
        // TODO Auto-generated method stub
    }
    protected void startApp() throws MIDletStateChangeException {
        System.out.println(System.getProperty("microedition.profiles"));
        System.out.println(System.getProperty("microedition.configuration"));
        System.out.println(System.getProperty("microedition.locale"));
        System.out.println(System.getProperty("microedition.platform"));
        System.out.println(System.getProperty("microedition.encoding"));
        System.out.println(Runtime.getRuntime().totalMemory());
        System.out.println(Runtime.getRuntime().freeMemory());
    }

}
```

# 任务一　开发输入界面

## 一、任务分析

本任务需要实现的效果示意图如图 2-1 所示。

应用程序主要是由界面和逻辑处理功能组成，标准体重计算器的开发可分为信息录入界面、数据处理和结果反馈 3 部分，本次任务是为用户提供录入数据的界面。要完成本次任务，需要思考如下 4 个问题。

（1）本应用需要用户提供哪些数据，应为用户提供怎样的交互方式？

（2）MIDP 提供的界面类有哪些？

（3）如何使用界面类，类里面有哪些重要的方法？

（4）如何在手机上显示所开发的界面？

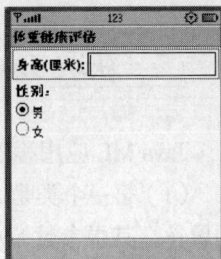

图 2-1　用户界面

## 二、相关知识

### （一）用户界面设计

用户界面（User Interface）是用户使用程序的桥梁，良好的界面能够使用户更乐意去接受和使用程序。由于不同程序的功能需求差异较大，复杂程度不一，所以评价用户界面并没有绝对的标准。设计一个良好的用户界面不是追求漂亮的外表，下面给出 4 个用户界面设计的原则。

（1）满足系统功能的需求：这是一个最基本的原则，用户界面反映了程序对外所提供的功能。用户界面不符合系统功能的需求，将会直接影响到程序的使用效果。

（2）能够给用户提供准确的信息：不会对用户使用程序起到误导。

（3）布局合理，易于使用：根据信息显示的载体特点进行界面布局，例如：手机和电脑的屏幕大小差异较大，需要在布局上做更精心的设计，应使用户能够快速找到所需要的信息，具有良好的交互性，使得用户不需要太多的培训就可以直接使用程序。

（4）界面风格要一致，符合用户的使用习惯。

在进行软件开发时，如果感觉到没有头绪，也可以通过网上的手机商店查找业界同类型的软件，进行参考，例如，如图 2-2 所示为中国移动应用商城中使用 Java ME 开发的一款驾驶员理论考试软件的界面。

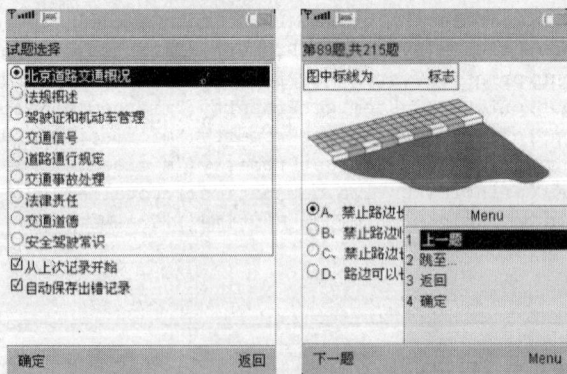

图 2-2　驾驶员理论考试软件界面

### （二）Java ME UI 包的体系

Java ME 程序的界面开发主要分为高级用户界面开发和低级用户界面开发两种。高级用户界面和低级用户界面的开发区别在于：前者提供了方便直观的界面开发方法，具有良好的可移植性，但灵活性不够，不能够对组件的字体、外观和颜色进行设置；后者提供了功能强大的界面开发，可以对屏幕上的组件进行灵活的控制，但开发起来比较复杂且在不同种类的机器上可能得到不同的执行结果。Java ME 的用户界面开发没有采用标准 Java ME 的 AWT/SWING，这是由于手机与 PC 相比存在一定程度上的差异，例如：性能上 CPU 处理能力较弱，内存较小；操作方式上只支持触控屏幕和简单的按钮操作；外观上屏幕较小，不需要重叠窗口显示。

　　LCDUI（Limited Configuration Device UI）包用于有限配置设备的用户界面开发，包括高级用户界面和低级用户界面的 API。图 2-3 所示为 LCDUI 包的主要类层次，其中 Screen 子类用于开发高级用户界面，Canvas 子类用于开发低级用户界面。Command 类和 CommandListener 接口则用于事件响应处理。本项目主要是介绍高级用户界面的开发方法，在项目五中将详细介绍低级用户界面的开发方法。

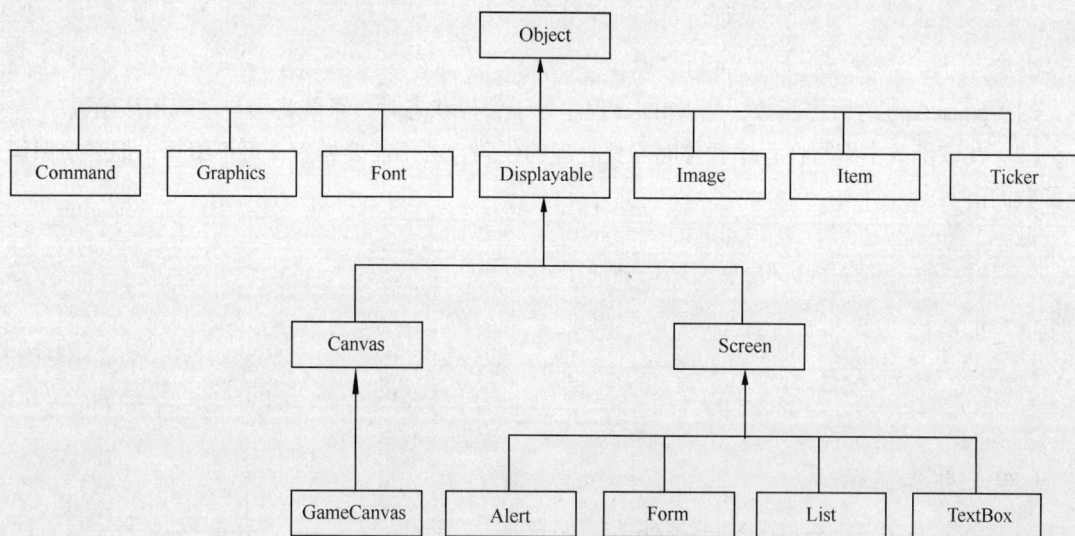

图 2-3　LCDUI 包的主要类层次

　　从图 2-3 中可看出高级界面的组件很多，本书将以部分组件为例进行讲解，其他组件的使用方法请参考 WTK 的帮助文档。

### （三）MIDlet 类

Java ME 程序都是从 MIDlet 类开始执行，系统规定了 MIDlet 有暂停、运行和销毁 3 种生命周期。因此开发一个 Java ME 程序，首选需要创建一个继承于 MIDlet 的类。以下为编写 MIDlet 程序的示例。

```
import javax.microedition.midlet.MIDlet;
public class 类名 extends MIDlet{
    //需要注意：构造方法没有返回值，访问修饰符为public。构造方法只是在生成对象时运行一次。
public 类名()
    //在构造方法中编写需要初始化的代码
    …
}
/*
```

startApp 为运行函数，当 MIDlet 程序处于运行状态时，系统将会自动调用该函数。startApp

可以被多次调用。

```
*/
protected void startApp() throws MIDletStateChangeException {
    //编写程序处于运行状态时需要处理的代码
    …
}
/*
```

（1）destroyApp 为销毁函数，当 MIDlet 处于销毁状态时，系统将会自动调用该函数。

（2）在该函数中编写程序退出时需要处理的代码，若不需要处理，可不编写，但必须保留该函数的声明。

```
*/
protected void destroyApp(boolean arg0) throws MIDletStateChangeException {
    …
}
/*
```

（1）pauseApp 为暂停函数，当 MIDlet 程序处于暂停状态时，系统将会自动调用该函数。

（2）在该函数中编写在程序暂停时需要处理的代码，若不需要处理，可不编写，但必须保留该函数的声明。

```
*/
    protected void pauseApp() {
        …
    }

}
```

## （四）屏幕显示

Display 类代表显示管理器和系统的所有输入设备，对于每一个 MIDlet 程序，都有一个 Display 类的对象负责控制程序中所有需要显示的对象，可以将 Display 对象理解为手机屏幕。

Displayable 是所有可以显示在屏幕上的类的父接口，所有继承它的类都可以显示在屏幕上。在同一时间，只能由唯一一个 Canvas 或 Screen 类的子类对象出现在屏幕上。

下面代码举例如何将一个 Canvas 或 Screen 类的子类对象显示在屏幕上。

```
Display dis;
dis= Display.getDisplay(MIDlet m)
dis.setCurrent(Displayable nextDisplayable)
```

其中，

（1）Disaplay 类的 getDisplay 方法返回值是 MIDlet 程序的静态 Display 对象。它还是一个静态方法，可以直接通过类名.方法名（参数）一般是在 MIDlet 程序的 startApp( )方法内编写代码来调用 getDisplay( )方法，并将 this 作为方法的参数。例如：Display dis = Display.getDisplay(this)；

（2）Display 类的 setCurrent 方法是把 Displayable 对象显示在屏幕上，Displayable 对象表示的是需要显示在屏幕上的控件。

## （五）Form 类

Form 类是 Screen 的子类，以容器形式包含高层用户界面控件，一般不单独显示在屏幕上，需要和其他控件一起显示。图 2-4 为 Form 类的结构层次图。

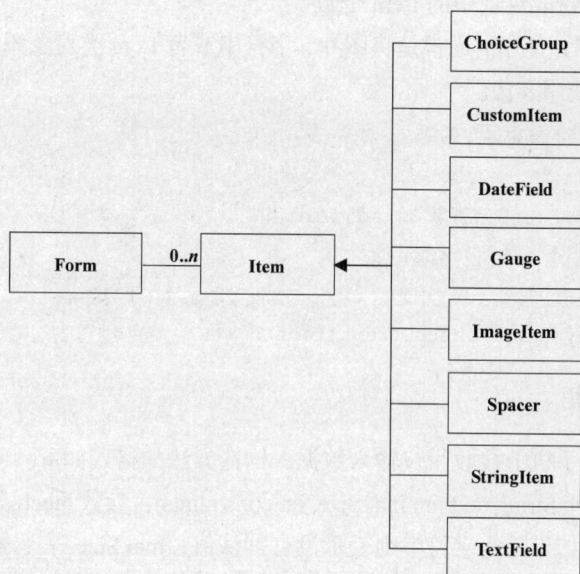

图 2-4 Form 类的结构层次图

在一个类的应用中，首先要了解该类的功能作用；然后需要知道如何定义类的对象，实际上就是需要知道类的构造方法；最后是掌握如何调用类中的主要方法，这些方法要求的参数有哪些。Java ME 的开发类放在 javax 开头的包中，例如标准界面类就位于 javax.microedition.lcdui 包中。

Item 类是一个抽象类，表示可以被包含在 Form 容器中的控件类，有 ChoiceGroup、CustomItem、DateField、Gauge、ImageItem、Spacer、StringItem、TextField 8 个子类。Form 容器使用 append、insert、delete、deleteAll、getHeight、getWidth、get、set 等方法管理 Item 实例。如果同一个 Item 实例放在不同的 Form 容器中，系统会产生 IllegalStateException 异常。

Form 类按列进行组织布局，每一个 Item 对象都有相同的宽度，没有水平方向的滚动条；在垂直方向上，Form 的高度与其中 Item 的个数和高度有关。通过 Item.LAYOUT_LEFT, Item.LAYOUT_CENTER 和 Item.LAYOUT_RIGHT 来控制各个 Item 在 Form 的左、中、右位置。在不设定的情况下，Item 会依照 LAYOUT_DEFAULT 来绘制。

Form 类有两种构造方法，格式分别如下。

（1）Form(String title)：创建一个空的 Form 对象，其中参数 title 表示 Form 对象的标题。

（2）Form(String title, Item[] items)：创建一个包含特定控件的 Form 对象，其中参数 title 表示 Form 对象的标题，items 数组表示 Form 对象包含的一组 Item 对象。

Form 类的常用方法介绍如下所示。

（1）append(Image img), append(Item item), append(String str)：可以向 Form 对象添加 3 种不同类型的信息，分别为图片、Item 控件和字符串。

（2）delete(int itemNum)：根据参数 itemNum 删除相应的 Item 对象。

（3）deleteAll()：删除 Form 对象中的所有 Item 对象。

（4）get(int itemNum)：根据参数 itemNum 获取在 Form 对象中相应的 Item 对象。

（5）insert(int itemNum, Item item)：在参数 itemNum 的前面插入 item 对象。

（6）set(int itemNum, Item item)：在 itemNum 位置上替换为指定的 item 对象。

（7）size( )：获得 Form 对象中的 Item 个数。

Form 对象一般不单独使用，通常是将图片、字符串或者 Item 类对象添加到 Form 对象中。下面举例说明 Form 类的使用方法。

```
//定义一个标题名为"Form 标题"的 Form 对象
Form form=new Form("Form 标题");
//将字符串"添加一个 append 字符串"加入到 form 当中
form.append("添加一个 append 字符串");
//当所有需要显示的信息添加到 form 中之后，再将 form 对象显示在手机屏幕上
Display.getDisplay(this) .setCurrent(form);
```

（六）文本输入框

TextField 类用于在手机上接收用户输入数据，构造方法的格式如下。

TextField(String label, String text, int maxSize, int constraints)：参数 label 表示输入提示标签；text 表示输入的初始内容，如果是空字符串则表示没有默认值；maxSize 表示输入字符的最大数量；constraints 表示对输入字符的约束，约束值固定为以下的 6 个。

（1）ANY：允许任意字符。

（2）EMAILADDR：允许有效的电子邮件地址格式。

（3）NUMERIC：允许整数。

（4）PHONENUMBER：允许电话号码。

（5）URL：允许有效的 URL 字符。

（6）DECIMAL：允许数字。

注意：引用上述参数值时需要通过 TextField 类调用静态变量，例如：把 TextField. NUMERIC 作为约束参数。

TextField 类的常用方法介绍如下。

（1）getString( )：以字符串形式获取文本输入框的内容。

（2）setPreferredSize(int width,int height)：设置 TextField 对象优先的高度和宽度，参数 width 和 height 的取值须大于或者等于-1，其中，取值-1 表示由系统根据布局和内容来自动做调整。需要注意的是系统会根据屏幕的大小来做调整，width 和 height 的取值并不能够确保系统一定会按照所设置的值来显示组件。

（3）setMaxSize(int maxSize)：设置 TextField 对象能够包含的最大字符（数字）数。该方法可对构造方法所设置的最大字符（数字）数做更改调整。

（4）setString(String text)：使用 text 设置文本输入框的内容，该操作会覆盖 TextField 之前的内容。

此外，TextBox 类也可以用在手机上接收用户输入数据，功能和常用方法与 TextField 较为相像，两者的主要差别在于 TextBox 对象可以独立显示在手机屏幕上，也就是说可以作为 Display 对象的 setcurrent 方法的参数，而 TextField 对象只能与 Form 对象一起使用时才能够显示在手机屏幕上。

TextBox 类构造方法格式为 TextBox(String title, String text, int maxSize, int constraints)：参数 title 表示输入提示标题；text 表示初始内容，可以为空内容的字符串；maxSize 表示输入字符的最大数

量；constraints 表示对输入字符的约束。

下面举例说明 TextField 类的使用方法。

```
Form form=new Form("Form标题");
//定义一个提示为"姓名",允许输入最大长度为10的 TextField 对象 tField
TextField tField=new TextField("姓名: ","",10,TextField.ANY);
//将 tField 对象加入到容器当中
form.append(tField);
//通常是在 form 对象上添加完所有需要显示的信息后,再将 form 对象显示在手机屏幕上。
Display.getDisplay(this).setCurrent(form);
```

## （七）选项框

ChoiceGroup 类为用户提供一组选项数据。与 TextField、TextBox 类不同，ChoiceGroup 类提供的数据更为具体，用户只能从中选择。ChoiceGroup 必须放在 Form 中，不能够单独显示。

ChoiceGroup 类有两种构造方法，格式如下所示。

（1）ChoiceGroup(String label, int choiceType)：创建一个空的 ChoiceGroup 对象，其中参数 label 表示 ChoiceGroup 对象的标题，参数 choiceType 表示 ChoiceGroup 对象的类型。

（2）ChoiceGroup(String label, int choiceType, String[] stringElements, Image[] imageElements)：创建一个包含初始选项值的 ChoiceGroup 对象，其中参数 label 和 choiceType 的含义和第一种构造方法的参数相同，stringElements 数组表示 ChoiceGroup 对象的文字内容；imageElements 数组表示 ChoiceGroup 对象的图像内容。

ChoiceType 参数有 3 种取值，决定了 ChoiceGroup 对象中数据的不同选择效果：Choice.EXCLUSIVE 表示单选；Choice.MULTIPLE 表示多选；Choice.POPUP 表示弹出式菜单。

ChoiceGroup 类的常用方法介绍如下。

（1）delete(int elementNum)：删除 ChoiceGroup 中某个索引值的对应选项。

（2）getSelectedIndex()：返回 ChoiceGroup 被选择的选项的索引值。一般用于判断用户选择了哪个选项。

（3）getString(int elementNum)：根据索引值，返回 ChoiceGroup 对应的选项内容。

（4）setSelectedIndex(int elementNum, boolean selected)：对于 Choice.MULTIPLE 类型的对象，可以设置特定索引选项是否被选中。

图 2-5　Form 和 ChoiceGroup 使用效果示例

（5）size( )：获得 ChoiceGroup 的选项数。

下面给出举例代码，运行代码的显示效果见图 2-5。

```
public class ChoiceGroupExample extends MIDlet {
    Display dis;
    Form form;
    ChoiceGroup group[]=new ChoiceGroup[3];
    Image image[]=new Image[2];
    public ChoiceGroupExample() {
        dis=Display.getDisplay(this);
        form = new Form("ChoiceGroup 使用示例");
        String[] stringArray1= {"学生","教师"};
```

```
            group[0] = new ChoiceGroup("EXCLUSIVE 类型示例: ",ChoiceGroup.EXCLUSIVE,
stringArray1,null);
            String [] stringArray2 = {"Eclipse","Pulsar"};
            try{
                image[0]=Image.createImage("/eclipse.png");
                image[1]=Image.createImage("/pulsar.png");
            }catch(Exception ex){
                ex.printStackTrace();
            }
            group[1] = new ChoiceGroup("MULTIPLE 类型示例: ",ChoiceGroup.MULTIPLE,
stringArray2,image);
            String [] stringArray3 = {"专科","本科","研究生"};
            group[2] = new ChoiceGroup("POPUP 类型示例: ",ChoiceGroup.POPUP, stringArray3,null);
            for(int i=0;i<group.length;i++){
                //采用 append 方法将 Choicegroup 对象加入到 Form 对象中
                form.append(group[i]);
            }
            dis.setCurrent(form);
    }
    protected void startApp() throws MIDletStateChangeException {

    }
    protected void destroyApp(boolean unconditional)
            throws MIDletStateChangeException {

    }
    protected void pauseApp() {
        // TODO Auto-generated method stub

    }
}
```

【代码解释】

（1）startApp( ),destroyApp(), pauseApp() 3 个方法即使是没有任何处理代码，也要声明，否则会程序报错。这是因为 MIDlet 是抽象类，startApp(),destroyApp(),pauseApp()都是 MIDlet 的抽象方法，ChoiceGroupExample 类继承于父类 Mildlet，就应实行其所有的抽象方法。

（2）dis.setCurrent(form)：在屏幕上显示 form 对象。3 个 ChoiceGroup 对象已经被加入到 form 对象中，所以可以一起显示在屏幕上。

## （八）标准体重计算公式

目前有很多种标准体重计算公式，本书选择其中的一种常用计算公式作为示例，具体计算方法如下：

$$男性标准体重 = 62 - (170 - 身高) \times 0.6$$
$$女性标准体重 = 52 - (158 - 身高) \times 0.5$$

## 三、任务实施

从标准体重计算公式可看出，计算标准体重需要获得用户的身高和性别，因此，在用户界面设计中需要提供给用户录入身高信息和性别的界面。用户的身高信息要求是数字，所以 TextField 对象需要控制录入范围。用户的性别要求从只能从"男"和"女"这两个值中选择。下面开始在 Pulsar 中创建一个名为 WeightEvaluator 的 Mildlet 类，具体代码如下。

```
public class WeightEvaluator extends MIDlet {
    Display dis;
    Form form;
    ChoiceGroup group;
    TextField height;
    public WeightEvaluator() {
        dis=Display.getDisplay(this);
        form = new Form("体重健康评估");
        height = new TextField("身高(厘米):","",3,TextField.NUMERIC);
        height.setPreferredSize(form.getWidth(), -1);
        String [] stringArray = {"男","女"};
        group = new ChoiceGroup("性别: ",ChoiceGroup.EXCLUSIVE,stringArray,null);
        form.append(height);
        form.append(group);
        dis.setCurrent(form);
    }
    protected void startApp() throws MIDletStateChangeException {

    }
    protected void destroyApp(boolean arg0) throws MIDletStateChangeException {

    }

    protected void pauseApp() {

    }
}
```

【代码解释】

（1）定义身高录入界面：height = new TextField("身高(厘米):","",3,TextField.NUMERIC)，其中参数值 3 是表示最大录入的数字为 3 位，TextField.NUMERIC 表示录入只能是整数。

（2）设置身高录入界面的宽度和高度：height.setPreferredSize(form.getWidth(), -1);，其中参数值 form.getWidth()是指获得 form 的宽度，将身高组件的优先宽度设置为 form 的宽度是希望身高录入界面的宽度能够布满屏幕；高度取值-1 表示由系统根据布局和内容来自动调整。

（3）构造方法只在程序一开始运行时执行一次，而 startApp()可以在程序的生命周期中执行多次，所以代码是放在 startApp()中还是在构造方法中，要根据实际情况来确定。

# 任务二  进行事件处理

## 一、任务分析

任务一只是提供用户信息的录入界面，在用户录入信息后，有两种可能的操作：一种是告诉程序已经输入所有的信息，让程序运行计算结果；另外一种是想直接退出程序，不需要程序做计算处理。本次任务是为响应用户的上述两种操作。要完成本次任务，需要思考如下两个问题。

（1）事件在程序设计中的用途和原理？

（2）Java ME 提供事件的处理机制有哪些？

## 二、相关知识

### （一）图形用户界面事件处理

事件描述的是用户所执行的操作。图形用户界面通过事件机制响应用户和程序的交互。当用户和界面上的组件有交互时会产生某类事件，如单击按钮，就会产生动作事件。要处理产生的事件，需要向系统注册事件监听，并在预先规定的方法中编写处理事件的代码。当某种事件发生时，系统会自动调用处理该事件的相应方法，从而实现用户与程序的交互，这就是图形用户界面事件处理的基本原理。图形用户界面事件处理提供的是一种触发响应的交互式机制，增加了程序的灵活性和可扩展性。

Java ME 有高级界面和低级界面两种开发方式，相应地有高级和低级两种事件处理方法。低级事件的处理方法将在项目五中进行详细说明。Java ME 的事件处理机制和 J2SE 的事件处理机制有一定的差异，Java ME 的事件类型也要少很多。在 Java ME 程序中，一般是预先定义一组 Command对象，并注册到程序中。当发生了某个按钮事件，手机会产生相应的 Command 对象，并将它传递给事件处理函数 commandAction()，由它对所产生的事件做具体的处理。

### （二）Command 类

Command 类是事件处理中较为重要的一个类，它包含了动作的有关语义信息，但并没有激活动作后的具体处理方法。用户可以从一组 Command 对象中选择所需的操作，而操作的处理是在CommandListener 或者 ItemCommandListener 接口定义的方法中具体实现。

Command 类有两种构造方法，格式分别如下。

（1）Command(String label, int commandType, int priority)：创建一个 Command 对象。label 参数表示显示命令的信息；commandType 参数表示命令的类型；priority 表示命令的优先级，数值越低代表按钮越重要，也就意味着用户能够越方便地找到它们。

（2）Command(String shortLabel, String longLabel, int commandType, int priority)：创建一个Command 对象，具有短标签和长标签。当长标签可以被显示时，命令按钮显示长标签；否则显示短标签。第一种构造方法只有一个标签参数，这是两种构造方法的最大区别。

CommandType 参数用于表示命令的种类，有 8 种取值：BACK、CANCEL、EXIT、HELP、ITEM、OK、SCREEN、STOP，分别表示返回、取消、退出、帮助、选项、确定、屏幕、停止。系统会根据这些类别做出不同的显示风格和按键映射，这与具体的手机型号有关。手机屏幕的左、右下角显示的命令是有限的，当屏幕上命令的个数超出时，系统会自动将一部分命令以菜单的形式折叠起来。默认情况下，手机屏幕的左边只显示一个 Command，优先的顺序是 BACK, EXIT, CANCEL, STOP，右边显示的顺序是 ITEM, SCREEN, OK, HELP，其中左边能出现的部分在右边的显示顺序是从上往下的，即 BACK 在最左边时，在右边的排列顺序是 ITEM, SCREEN, OK, HELP,

EXIT, CANCEL, STOP。大家不必去记住这些排列的顺序，可以通过修改 priority 来进行改变。

Displayable 对象定义了 addCommand()/removeCommand()方法，表示将向 Displayable 对象添加或者删除一个 Command 对象。当这个 Displayable 被显示时，所有相关的 Command 都会显示在手机界面下方的左右两侧。

下面给出举例代码，运行代码的显示效果见图 2-6。

```java
public class CommandExample extends MIDlet {
    private Display dis;
    private Command c[]=new Command[8];
    public CommandExample() {
        dis = Display.getDisplay(this);
        Form f = new Form("Command类示例") ;
        c[0] = new Command("返回",Command.BACK,1) ;
        c[1] = new Command("取消",Command.CANCEL,1) ;
        c[2]= new Command("退出",Command.EXIT,1) ;
        c[3] = new Command("帮助",Command.HELP,1) ;
        c[4] = new Command("选项",Command.ITEM,1) ;
        c[5] = new Command("确定",Command.OK,1) ;
        c[6] = new Command("屏幕",Command.SCREEN,1) ;
        c[7] = new Command("停止",Command.STOP,1) ;
        for(int i=0;i<c.length;i++){
            f.addCommand(c[i]);
        }
        dis.setCurrent(f);
    }

    protected void destroyApp(boolean arg0) throws MIDletStateChangeException {

    }

    protected void pauseApp() {

    }

    protected void startApp() throws MIDletStateChangeException {

    }
}
```

图 2-6　Comand 类使用示例

### （三）高级事件处理接口

Command 类只是声明动作的有关信息，并没有包括动作触发后应该做些什么，也就不会因为设定为某一种类命令就自动具有该类型名称上的功能。高级事件处理主要由两个接口来实现，一个是 CommandListener，另一个是 ItemStateListener，在类的定义中应声明继承高级事件处理接口，并实现接口所规定的方法。

在 CommandListener 接口中定义了方法 commandAction（Command cmd,Displayable disp），应实现该方法来完成按钮事件的处理。该方法的作用是告诉应用程序在 disp 界面下如果 cmd 按钮被按下它应该执行的操作。

使用 Displayable 类的 setCommandListener（CommandListener l）方法设置对 Comands 对象的监听者。

因此需对上一节的代码进行 3 处扩充修改。

（1）在类的定义中增加实现 CommandListener 接口的声明：public class CommandExample extends MIDlet implements CommandListener。

（2）在语句 dis.setCurrent(f)；前面增加一行设置监听者的代码：f.setCommandListener(this);

（3）在类中添加按钮事件的处理方法：public void commandAction(Command c, Displayable d) {

```
//根据函数中参数 c 的取值，使用 if 语句来判断按下什么按钮，然后再进行具体的事件处理，在任务实施中会详细介绍
    }
```

在 ItemStateListener 接口中定义了方法 itemStateChanged(Item item)，应实现该方法来完成事件的处理。该方法的作用是告诉应用程序在 Form 内的 item 内部状态发生变化时应执行的操作。用户对 Guage、ChoiceGroup、ImageItem、TextField、DateField 等 item 对象进行操作影响其状态时会触发该事件。下面介绍主要的实现步骤：

（1）在类的定义中增加实现 ItemStateListener 接口的声明，例如：public class ItemStateExample extends MIDlet implements ItemStateListener。

（2）对 Form 对象或者 Item 对象使用 setItemCommandListener 方法来设置事件监听。

（3）在类中添加事件处理方法：public void itemStateChanged(Item item) {。

```
//根据参数 item 的值，使用 if 语句来判断哪个 item 对象状态发生了变化
if(item==text1)//text1 为在类中定义的需要进行事件响应的 item 对象
{
    …
}
}
```

### （四）Ticker 类

Ticker 类的作用是实现文字的滚动效果，使用起来很简单，构造方法格式如下。

Ticker(String str)：参数 str 表示滚动的文字。

Ticker 类只有两个方法，介绍如下。

（1）getString()：返回 Ticker 滚动的文字。

（2）setString(String str)：设置 Ticker 滚动的文字内容。

首先定义一个 Ticker 对象，再通过 Displayable 对象的 setTicker(Ticker ticker)方法来设置使用 Ticker 对象。下面举例说明 Ticker 类的使用方法。

```
Form form=new Form("Ticker例子");
Ticker ticker=new Ticker("可以在屏幕上滚动提示的Ticker对象");
form. setTicker(ticker);
```

## 三、任务实施

根据任务一给出的标准体重计算公式，应该定义一个方法来实现该公式的业务逻辑。这里定义方法的名字为 evaluateWeight，方法有身高 hei 和性别 sex 两个参数，返回值为 double 类型。

```
private double evaluateWeight(int hei,String sex){
    double weight;
    if(sex=="男"){
        weight=62-(170-hei)*0.6;
    }else{
        weight=52-(158-hei)*0.5;
    }
    return weight;
}
```

在事件处理方法 commandAction 中，首先需要判断按下的是否就是评估按钮，若是则传递身高和性别两个参数值，并调用 evaluateWeight 方法。

```
double weight;
String sex;
//判断是否按下评估按钮，其中CMD_EVALUATE代表的是评估按钮。
    if(c==CMD_EVALUATE){
        //通过getString方法返回height组件的字符串值
        String sHei=height.getString();
        //判断是否为空，也就是检查用户是否有输入身高数值
        if(sHei.trim().equals("")){
          //在屏幕上提示用户输入身高
            Ticker t = new Ticker("请输入身高");
            form.setTicker(t);
            return;
        }
        //使用valueOf方法将身高的字符串值装转换成Integer类型
        Integer iHei=Integer.valueOf(Shei);
        // 使用 intValue 方法将身高的 Integer 类型转换成为 int 类型，至此已经满足
evaluateWeight函数对身高参数的要求
        int hei=iHei.intValue();
        //获取性别参数
        sex=group.getString(group.getSelectedIndex());
    //调用体重计算方法，获得体重计算结果
        weight=evaluateWeight(hei,sex);
    }
```

# 任务三　显示计算结果

## 一、任务分析

本任务需要实现的效果示意图如图 2-7 所示。

任务一、任务二完成了用户信息的录入和处理，本次任务是将程序运行的处理结果返回给用户，并为用户提供退出操作。要完成本次任务，需要思考如下几个问题。

（1）如何在手机屏幕上切换页面？

（2）如何退出标准体重计算器？

## 二、相关知识

图 2-7　体重计算结果

### （一）StringItem 类

StringItem 类用于显示文字，作用与 TextField 类似，但 StringItem 类只能在屏幕上显示文本信息，不能够编辑，而 TextField 类则是既可以显示又可以编辑。

StringItem 类有两种构造方法，格式分别如下。

（1）StringItem(String label, String text)：参数 label 表示 StringItem 对象的标签，text 参数表示 StringItem 对象显示的内容。

（2）StringItem(String label, String text, int appearanceMode)：前面两个参数的含义和第 1 个构造方法相同，第 3 个参数 appearanceMode 表示显示的模式，有 Item.PLAIN, Item.HYPERLINK 和 Item.BUTTON 3 种取值，分别表示默认类型、超级链接类型和按钮类型。要真正实现后两种类型的效果，StringItem 需要和 Command、ItemCommandListener 关联起来，否则即使使用不同的外观设定，外观也是相同的。

下面给出代码示例：

```
StringItem strItem = new StringItem("按钮样式:", "Button", Item.BUTTON);
strItem.setDefaultCommand( new Command("Set", Command.ITEM, 1));
strItem.setItemCommandListener(this);
```

代码效果见图 2-8。

### （二）Image 类

Image 类用于获取图像数据。Image 对象分可变和不可变两种，其中可变的 Image 对象在后面的项目五中进行详细介绍。不可变 Image 对象的创建主要是加载来自于资源包、文件和网络的图像数据，一旦生成则不可改变。Image 对象可以放在 Alert, Choice, Form, ImageItem 等对象中。

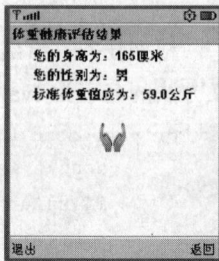

图 2-8　StringItem 按钮样式示例

图像数据的文件格式有 BMP、PSD 等多种。由于移动设备的容量和内存较小，Java ME 程序通常是使用 PNG 格式的图像。PNG 格式的优点在于具有无损的高压缩比率，生成的文件较小，灰度图像的深度可达 16 位，彩色图像的深度可达 48 位，支持 Alpha 通道透明，适合于对存储要求有限制的应用使用，如网络、嵌入式设备。也有一些手机型号提供 JPG 或者 GIF 格式图像的支持，但为了使程序具有良好的可移植性，一般建议在程序中使用 PNG 格式的图像。

生成一个 Image 对象不能通过 new 方法，而是使用 Image 类的静态方法 createImage() 来创建。共有 6 种创建方法，需要注意方法中不同参数的含义。在调用时，还需要加上 try 语句捕捉错误。

（1）createImage(byte[] imageData, int imageOffset, int imageLength)：从一个存储有图形图像数据的字节数组中创建一个不可变图像。imageData 参数表示图像字节数组；imageOffset 表示起始数据位置；imageLength 表示数据的长度。

（2）createImage(Image source)：从一个源 Image 对象中创建一个新的不可变图像。参数 source 表示用于复制的源图像。

（3）createImage(Image image, int x, int y, int width, int height, int transform)：从源图像中选取一个区域进行翻转，生成一个新的不变图像。参数 image 为源图像，参数 x 为源图像选定区域的横坐标，参数 y 为源图像选定区域的纵坐标，参数 width 为选定区域的宽度，参数 height 为选定区域的高度，参数 transform 为翻转的取值，在项目五中有详细的介绍。

（4）createImage(InputStream stream)：从字节流中解码创建一个不可变图像。该方法常用于获取在网络上的图像文件。

（5）createImage(int width, int height)：创建一个可变的图像。参数 width 表示图像的宽度，参数 height 表示图像的高度。该方法的使用在项目五中进行详细介绍。

（6）createImage(String name)：将一个命名的资源解码生成一个不变图像，这个命名资源常常是一个图片文件，当图片文件放在项目的 res 目录下，参数 name 的取值通常为 "/"+文件名，文件名需要指出其后缀。

下面给出代码示例。

```
//创建一个 image 对象，其中 mobile.png 图像放在项目的 res 目录下
Image image = Image.createImage("/mobile.png");
//创建一个 image 对象，其中 mobile.png 图像放在项目的 src 目录的子目录 res1 下
Image image = Image.createImage("/res1/mobile.png");
```

## （三）ImageItem 类

ImageItem 类表示可以包含 Image 图像的组件，ImageItem 类有两种构造方法，格式分别如下所示。

（1）ImageItem(String label, Image image, int layout, String altText)：label 参数表示图片标签；image 参数为 Image 图像对象，事先应先创建好，再作为参数传入；layout 参数为图片的布局，也就是对齐方式；altText 参数表示当图片超过了显示屏的最大容量未能显示时，以此文字作为代替显示。

（2）ImageItem(String label, Image image, int layout, String altText, int appearanceMode)：前 4 个参数与第一种构造方法相同，appearanceMode 参数表示显示的模式，与 StringItem 的构造方法中的参数含义相同。

参数 layout 的取值如下。

ImageItem.LAYOUT_DEFAULT：图像的布局遵从容器的默认布局策略。

ImageItem.LAYOUT_LEFT：将图像放到绘制区域的左边。

ImageItem.LAYOUT_RIGHT：将图像放到绘制区域的右边。

ImageItem.LAYOUT_CENTER：将图像放到水平中央位置。

ImageItem.LAYOUT_NEWLINE_BEFORE：图像被绘制前，应从新的一行开始布放。

ImageItem.LAYOUT_NEWLINE_AFTER：图像被绘制后，其他 Item 应从新的一行开始布放。

ImageItem 常用的方法如下。

（1）getAltText()：获取代替的文字信息。

（2）getAppearanceMode()：获取 ImageItem 外观模式。

（3）getImage()：获取图片。

（4）getLayout()：获得布局方式。

（5）setAltText(String text)：设置代替的文字信息。

（6）setImage(Image img)：设置 ImageItem 中的图片。

（7）setLayout(int layout)：设置布局方式。

## 三、任务实施

在任务二中，使用变量 weight 来表示计算的体重结果。为了使显示的信息更为友好、清晰，在这里对体重计算结果的进行扩展：

```
remark="您的身高为："+height.getString()+"厘米\r\n"+
        "您的性别为："+sex+"\r\n"+
        "标准体重值应为："+weight+"公斤\r\n";
```

新定义一个显示计算结果的 Form 对象：

```
resultForm = new Form("体重健康评估结果");
```

为了让大家更好地了解掌握 Java ME 不同控件的使用方法，我们使用两种方法来实现计算结果的显示，如图 2-9 所示。

方法一：使用 StringItem 显示文字结果。

```
StringItem si=new StringItem("",remark);
resultForm.append(si);
```

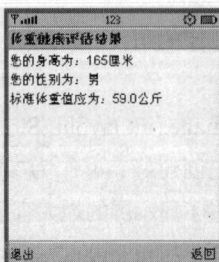

图 2-9　方法一的运行效果

方法二：使用 ImageItem 显示图文并茂的信息结果（见任务分析的图 2-7），下面代码用到的图片文件名为 result.png。

```
Image im=null;
try{
    im=Image.createImage("/result.png");
}catch(Exception ex){
    ex.printStackTrace();
}
ImageItem imageItem=new ImageItem(remark,im,ImageItem.LAYOUT_CENTER,"");
resultForm.append(imageItem);
```

# 任务四　发布到手机

## 一、任务分析

程序员主要是在电脑上开发 Java ME 程序，并使用手机模拟器调试。开发完毕后，需要将程序发布到手机上进行测试。最终版测试通过的 Java ME 程序，才交付给普通用户使用，也就是在用户的手机上运行。发布 MIDP 程序的主要形式有数据线传输、OTA、蓝牙传输等。我们采用较常用的发布方法 OTA 进行实施。要完成本次任务，需要思考如下几个问题。

（1）在手机上运行 Java ME 程序，需要哪些文件？

（2）在手机上运行的 Java ME 程序应存储在手机的什么地方？

## 二、相关知识

### （一）手机软件的移植

手机硬件设备的差异较大，如果一款软件没有考虑到手机硬件上的差异性，那么它往往不能够直接适用于各种不同类型的手机。

为了使程序具有可移植性，在编写代码前就应该进行可移植性的考虑。手机软件移植应该考虑的主要因素有下面几点。

（1）屏幕尺寸不同。

不同手机的屏幕尺寸存在较大的差异，在屏幕上的手机控件，例如：文本框、列表框、图像框的大小不能够根据屏幕大小进行自适应的调整。

（2）按键代码不同。

手机上的按键分为数字键和功能键，功能键是指左右软键，中间的导航键以及接听电话和挂机键等，数字键是指 0～9 数字键以及*号和#号键。有些按键在一些手机上存在，在另外一些手机上则可能没有。而且不同机型对于相同作用的按键也可能键值不等。

（3）不同 MIDP 支持的 API 不同。

不同手机的 API 版本不一样，有一些只支持 MIDP 1.0，有一些则支持 MIDP 2.0。特别是 MIDP 1.0 对游戏开发支持得较少。

（4）手机厂商有特定的 API。

诺基亚、索爱、三星等手机公司会针对各自公司的产品定制一些特有的 API，这些特定厂商的 API 程序一般不能够直接在其他厂商的手机上运行。

综上所述，为了使 Java ME 程序具有更大的可移植性，减轻部署到不同机型的工作量，在编写程序时，应注意以上所讲的 4 点差异性，对涉及这些方面的操作，可以使用专门的类进行处理，以便于将它们和其他的代码隔离开来。

## （二）发布打包

Java ME 程序在电脑上调试编写完成之后，需要发布到手机上运行，发布的方法如下。

（1）单击项目中的 Application Descriptor，如图 2-10 所示。

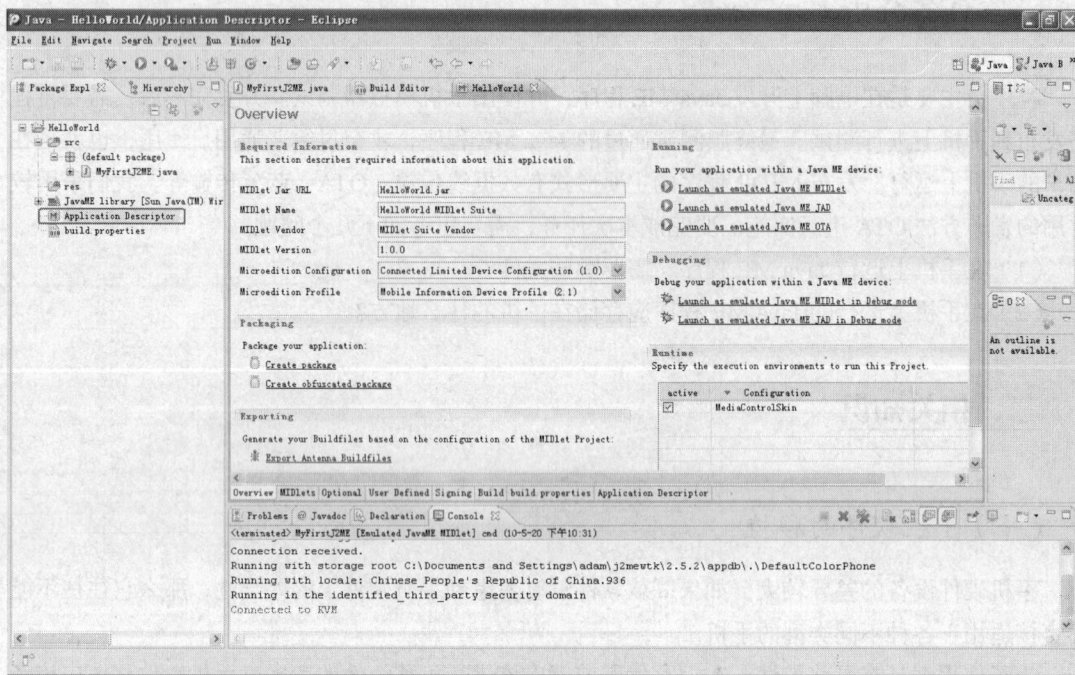

图 2-10　应用程序描述

（2）选择 MIDlet 程序，如图 2-11 所示。

（3）选择打包，有两种打包方法"Create package"和"Create obfuscated package"，其中后者是以混淆的方式代码打包，从而可以保护所编写的代码，预防他人通过反编译工具获取 Java ME 的源代码，如图 2-12 所示。

打包成功后，会生成一个 jar 文件和一个 jad 文件，如图 2-13 所示，可在项目所在文件夹的子目录 deployed 下找到，将 jar 和 jad 文件通过数据线或者其他方式发布到手机上即可。注意不同手机的安装方法不一样，有些手机需要 jar 和 jad 文件，有些只需要 jar 文件。通常是智能手机拷贝两个文件，运行 jad 文件进行安装。非智能手机则直接拷贝 jar 文件运行。

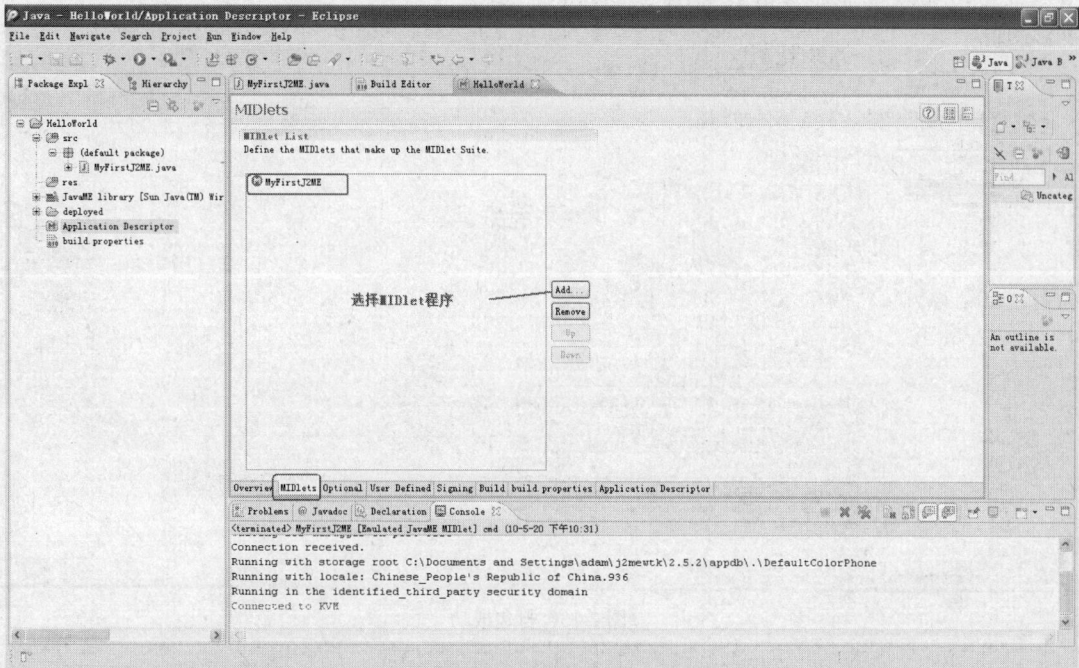

图 2-11 MIDlets 属性配置

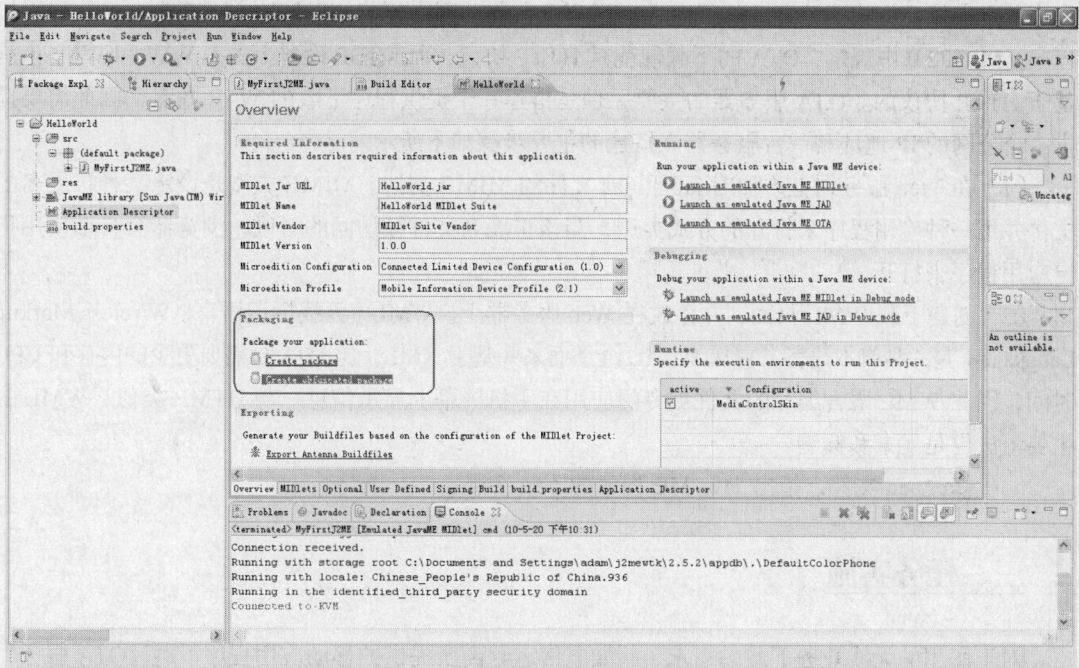

图 2-12 打包选项

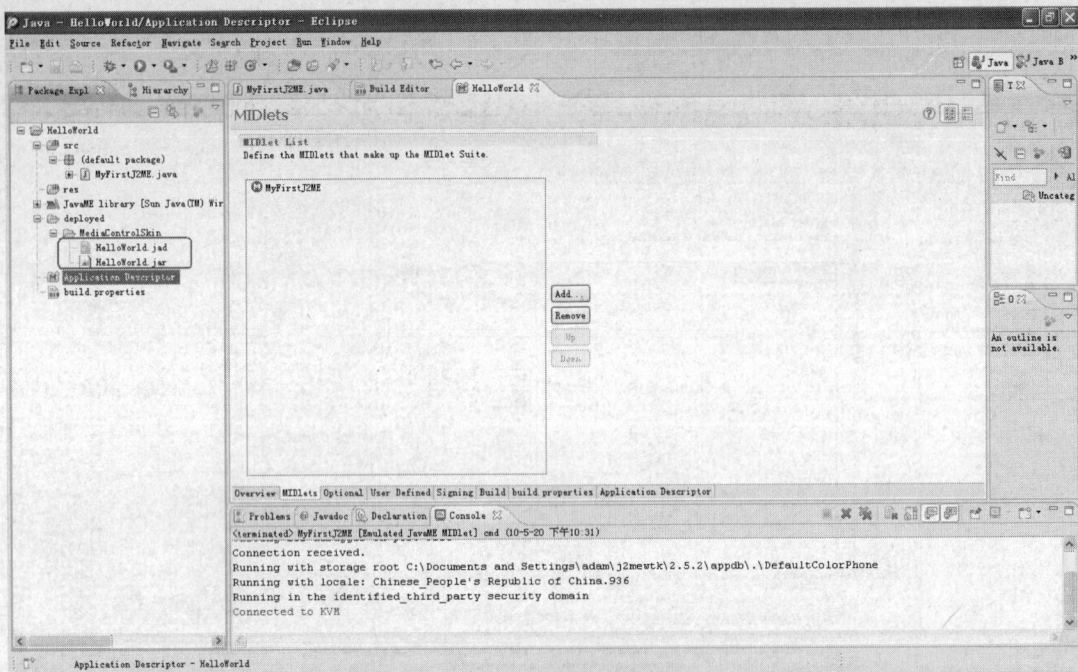

图 2-13　打包成功

## （三）OTA 发布

OTA（Over The Air）是通过移动通信网络（如 GSM/GPRS、CDMA、3G）下载并安装 Java ME 程序的空中接口方式。该方式的优点在于用户可在移动网络覆盖的任何地方下载自己喜欢的手机程序。MIDP2.0 中规定，OTA 的下载规范是 HTTP 协议，而 MIDP 设备上的 WWW 和 WAP 正是基于 HTTP 协议的。OTA 服务器的主要原理是搭建一个提供程序下载的 WAP 站点，因此需要提供一个公网的 IP 地址和一台服务器。搭建的主要步骤如下所示。

（1）在 Web 服务器上添加对 jad 和 jar 文件的 MIME 支持。MIME 类型是设定某种扩展名的文件并用一种应用程序来打开的方式类型，当该扩展名文件被访问的时候，浏览器会自动使用指定应用程序来打开。

（2）创建下载 WML 页面，并存放在 Web 服务器上。WML（无线标记语言，Wireless Markup Language）是一种脚本语言，它从 HTML 继承而来并基于 XML，比 HTML 需要更少的内存和 CPU 时间，因此 WML 语言编写的文件被专门应用在手机屏幕上显示信息。与 HTML 类似，WML 的主要语法也是元素和标签。

（3）修改 jad 文件，指出 Java ME 程序的下载路径。

## 三、任务实施

对于商用的无线业务下载的需求，例如电信运营商所提供的移动应用程序下载，OTA 服务器配置较为复杂，涉及权限、计费等问题。在这里介绍一个简单的 OTA 服务器配置方法。

1. 安装 Tomcat Web 服务器

（1）Tomcat 服务器是一个免费的开放源代码的 Web 应用服务器，由 Apache 软件基金会负责管理，目前已经得到广泛的使用，可到网站 http://tomcat.apache.org/下载 Tomcat 软件，如图 2-14 和图 2-15 所示。

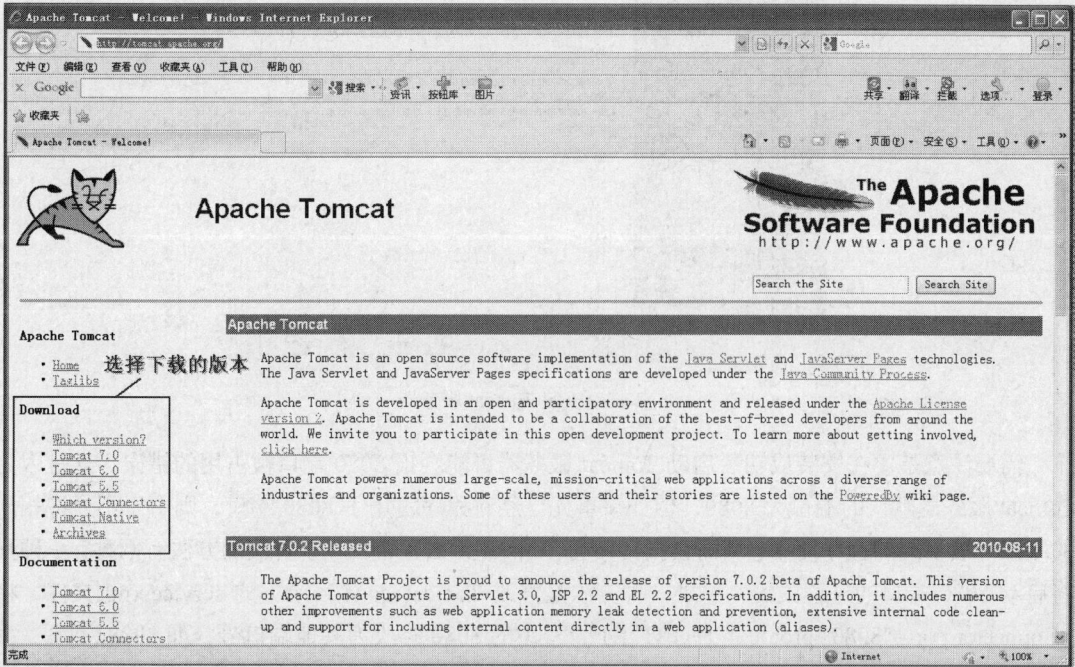

图 2-14　Tomcat 主页

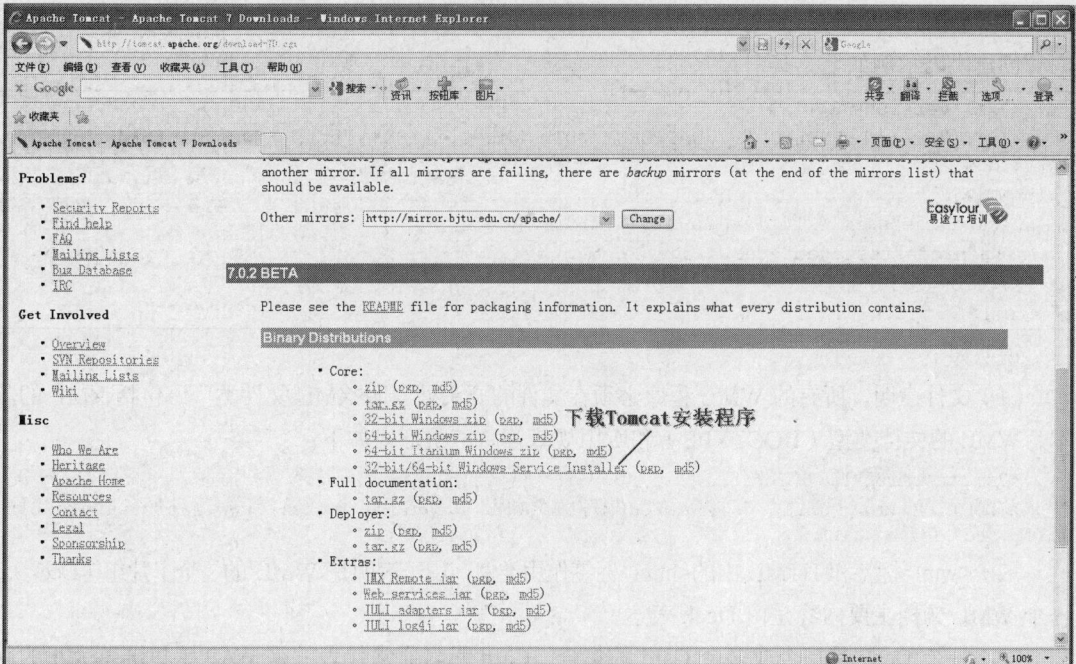

图 2-15　Tomcat 下载页面

（2）Tomcat 的安装：直接双击安装文件即可，出现如图 2-16 所示界面。

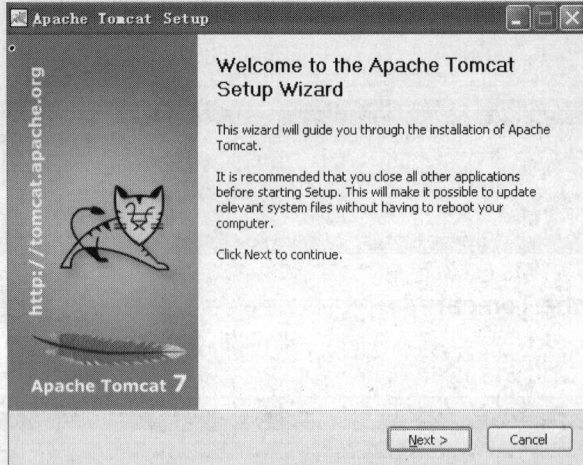

图 2-16    安装 Tomcat 服务器

需要注意是，在安装成功后启动 Tomcat 服务器可能会报 8080 端口被占用的错误。这是因为 Tomcat 服务器默认的端口为 8080，但如果事先已经有程序占用了 8080 端口，则由于不允许相同的端口号被不同的程序使用，从而会报错使得 Tomcat 无法正常使用。解决的方法有两种，一种是将启动 8080 端口的进程关闭，另外一种方法是修改 Tomcat conf 目录下的 service.xml 文件，将 <Connector port="8080" protocol="HTTP/1.1"..../>中的 8080 修改为其他端口号，如 8088。

打开 Tomcat 服务器文件的方法是：http://domain:端口号/目录，其中 domain 为 tomcat 服务器的域名，一般是将需要发布的 Web 文件放到 Tomcat 服务器的 webapps 目录下。

2. 创建一个发布 wml 的文件

创建代码示例如下，其中：

```
<?xml version="1.0"?>
<!DOCTYPE wml PUBLIC "-//WAPFORUM//DTD WML 1.3//EN" "http://www.wapforum.org/DTD/
wml13.dtd">
<wml>
 <card id="card1" title="Download Midlet">
  <a href="test.jad">test</a>
 </card>
</wml>
```

说明如下。

（1）文件声明。所有的 WML 程序必须在文件的开头处声明 XML 文件类型，包括 XML 的版本，WML 的文档类型（DOCTYPE）和所用规范等。声明形式如下：

```
<?xml version="1.0"?>
<!DOCTYPE wml PUBLIC "-//WAPFORUM//DTD WML 1.3//EN" "http://www.wapforum.org/DTD/
wml13.dtd">
```

（2）<wml>标签和 HTML 中的<html>标签作用类似，用于表明是 WML 的一个卡片组（Deck），一个 WML 文档主要内容是由 Deck 表达。

（3）一个 Deck 是一个或多个 Card 的集合，Card 元素通常代表的是 WAP 手机屏幕大小的网页，但每个 Card 的内容可能不止一屏显示。每个 Card 元素可以有多个可选属性，如标号（id）、标题（title）等。当客户端发出请求后，WML 从网络上把 Deck 发送到客户浏览器，用户就可以浏览 Deck 内所有的 Card，文件中的第一个 Card 是默认可见的 Card。

（4）test.jad 为提供下载的 jad 文件名。

3. 在 jad 文件中增加

MIDlet-Jar-URL: http://domain/directory/test.jar

其中的 http://domain/directory/test.jar 为提供下载的 jar 文件的路径。

经过上面的设置，就可以将 wml 页面路径作为 WAP 的下载页面发布了。用户只需要在手机上输入这个路径就可以访问和下载 Java ME 程序了。

# 完整项目实施

标准体重计算器由一个 WeightEvaluator 类实现，其完整代码如下。

```java
import javax.microedition.lcdui.ChoiceGroup;
import javax.microedition.lcdui.Command;
import javax.microedition.lcdui.CommandListener;
import javax.microedition.lcdui.Display;
import javax.microedition.lcdui.Displayable;
import javax.microedition.lcdui.Form;
import javax.microedition.lcdui.Image;
import javax.microedition.lcdui.ImageItem;
import javax.microedition.lcdui.StringItem;
import javax.microedition.lcdui.TextField;
import javax.microedition.lcdui.Ticker;
import javax.microedition.midlet.MIDlet;
import javax.microedition.midlet.MIDletStateChangeException;

public class WeightEvaluator extends MIDlet implements CommandListener {
    Display dis;
    Form form;
    ChoiceGroup group;
    TextField height;
    private final static Command CMD_EVALUATE = new Command("评估",Command.OK,1);
    private final static Command CMD_EXIT = new Command("退出", Command.EXIT, 1);
    private final static Command CMD_BACK = new Command("返回", Command.EXIT, 1);
    public WeightEvaluator() {
        // TODO Auto-generated constructor stub
        dis=Display.getDisplay(this);
        form = new Form("体重健康评估");
        height = new TextField("身高(厘米):","",3,TextField.NUMERIC);
        height.setPreferredSize(form.getWidth(), -1);
        String [] stringArray = {"男","女"};
        group = new ChoiceGroup("性别: ",ChoiceGroup.EXCLUSIVE,stringArray,null);
        form.append(height);
        form.append(group);
        form.addCommand(CMD_EVALUATE);
        form.addCommand(CMD_EXIT);
        form.setCommandListener(this);
        dis.setCurrent(form);
        }
    protected void startApp() throws MIDletStateChangeException {
```

```
            // TODO Auto-generated method stub

    }
//理想体重公式如下： 理想体重=62-（170-身高）×0.6（男）=52-（158-身高）×0.5（女）
    private double evaluateWeight(int hei,String sex){
        double weight;
        if(sex=="男"){
            weight=62-(170-hei)*0.6;
        }else{
            weight=52-(158-hei)*0.5;
        }
        return weight;
    }
    public void commandAction(Command c, Displayable d) {
        double weight;
        String sex;
        String remark;
        Form resultForm;
        if(c==CMD_EXIT){
            notifyDestroyed();
        }
        //判断是否是按下评估按钮，其中 CMD_EVALUATE 代表的是评估按钮。
        if(c==CMD_EVALUATE){
            //通过 getString 方法返回 height 组件的字符串值
            String sHei=height.getString();
            //判断是否为空，也就是检查用户是否有输入身高数值
            if(sHei.trim().equals("")){
                //在屏幕上提示用户输入身高
                Ticker t = new Ticker("请输入身高");
                form.setTicker(t);
                return;
            }
            //使用 valueOf 方法将身高的字符串值转换成 Integer 类型
            Integer iHei=Integer.valueOf(sHei);
            //使用 intValue 方法将身高的 Integer 类型转换成为 int 类型，至此已经满足
evaluateWeight 函数对身高参数的要求
            int hei=iHei.intValue();
            //获取性别参数
            sex=group.getString(group.getSelectedIndex());
            //调用体重计算方法，获得体重计算结果
            weight=evaluateWeight(hei,sex);
            remark="您的身高为: "+height.getString()+"厘米\r\n"+
                    "您的性别为: "+sex+"\r\n"+
                     "标准体重值应为: "+weight+"公斤\r\n";
            resultForm = new Form("体重健康评估结果");
            StringItem si=new StringItem("",remark);
            Image im=null;
            try{
                im=Image.createImage("/result.png");
            }catch(Exception ex){
```

```
                    ex.printStackTrace();
                }
                ImageItem imageItem=
                            new ImageItem(remark,im,ImageItem.LAYOUT_CENTER,"");
            //如果只使用文字显示, 请将方法 1 的注释"//"删除, 并对方法 2 进行注释
            //resultForm.append(si);//方法 1
            resultForm.append(imageItem); //方法 2
            resultForm.addCommand(CMD_EXIT);
            resultForm.addCommand(CMD_BACK);
            resultForm.setCommandListener(this);
            dis.setCurrent(resultForm);
        }

        if(c==CMD_BACK){
            dis.setCurrent(form);
        }
    }
    protected void destroyApp(boolean arg0) throws MIDletStateChangeException {

    }
    protected void pauseApp() {

    }
}
```

# 实训项目

## 实训项目 1　用户登录界面

1. 实训目的与要求

掌握高级用户界面中文本框和按钮的使用。

2. 实训内容

（1）编写登录界面, 提供账号和密码两个文本输入框。

（2）在界面上提供退出和提交按钮：

如果按下退出按钮, 整个应用程序退出。

如果按下提交按钮：如果账号输入是 test, 密码为 123, 则在界面上显示登录成功, 否则显示密码或者账号不对登录失败。

3. 思考

（1）如何将输入框在手机屏幕上居中显示？

（2）如何比较两个字符串是否相等？

## 实训项目 2　调查问卷程序

1. 实训目的与要求

学会利用高级用户界面技术开发手机应用软件, 掌握在 Java ME 中切换不同的界面的方法。

2. 实训内容

（1）编写调查问卷界面，信息如下：姓名，出身日期（使用日期类），性别，院系（使用下拉框），电话号码，对饭堂伙食是否满意，建议。

（2）在界面上提供退出和提交按钮。

如果按下退出按钮，则整个应用程序退出。

如果按下提交按钮，有两种情况：（A）用户如果没有写全第一个界面的信息，则打开一个信息提示页面，提示哪个信息还没有录入。（B）用户所有信息都写全，则将第一个界面用户录入的信息用一个 TextBox 类显示出来，表示该用户所填写的调查问卷情况。

3. 思考

界面上的控件如何做到能够适应不同的手机屏幕?

# 项目三

# 开发手机通讯录

## 任务一  添加联系人记录

### 一、任务分析

本任务需要实现的效果示意图如图 3-1 所示。

手机通讯录用于记录联系人的电话号码、地址、QQ 等信息，是每款手机都具备的功能。在添加号码记录模块中，主要是为用户提供录入联系人基本信息的界面，并能够将用户录入的数据保存起来。要完成本次任务，需要思考如下几个问题。

（1）在手机上如何存储应用程序的数据？

（2）如何把界面上的数据保存到手机上？

### 二、相关知识

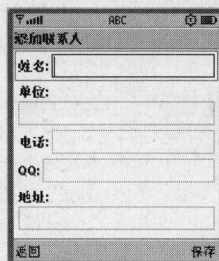

图 3-1  添加联系人记录

#### （一）手机数据存储技术

游戏中的关数、分数，应用程序中的信息等需要保存在手机上。由于手机的性能和存储条件有限，Java ME 程序持久性信息保存和 PC 上的程序有较大的区别，PC 程序通常是用数据库或者文件系统来保存数据，而 Java ME 程序则是将数据保存在 RMS（Record Management System）或者手机的文件系统当中。Java ME 手机均支持 RMS，但文件系统则需要手机支持 JSR075 标准才能够使用，而且如果程序未经过签名就使用，会弹出是否允许程序访问文件系统的提示。

  RMS 是 MIDP 提供的记录管理系统，可以持久存储数据，并提供增加、修改、删除和查询支持。在记录存储中的记录有很多相似结构的条目，可以把这种结构看成数据库中的一个表。RMS 不需要经过签名就可以在手机中进行数据的读写操作。与 RMS 相关的 API 都集中在 javax.microedition.rms 包下，包括一个 RecordStore 主类、4 个接口和 5 个异常类。在使用上与常规的数据库访问方式有较大的不同。

  不同类型的手机提供给 RMS 的容量可能不一样，有只支持几十 KB 的，也有超过 1MB 以上的。当存储的数据量超出了手机所提供的存储空间，就会报 RecordStoreFullException 异常。可以采用尝试法来测试手机支持的 RMS 容量，首先设定一定大小的数据，然后向 RMS 反复添加数据，直到数据不能写入为止，就可以算出手机所支持的 RMS 容量。

  RMS 中进行数据的读写是通过对象序列化技术来实现。对象序列化是一种对数据进行持久化操作的技术。它的技术原理是将对象的状态转换成字节流进行网络传送或者保存为本地文件，后面同样可以将这些字节流转换回生成相同状态的对象。

  ByteArrayOutputStream 类的作用是使用 write( )方法以流的形式将需要输出的数据写入到字节数组当中，可以通过使用 toByteArray( )方法返回里面的字节数组。

  ByteArrayInputStream 类的作用是创建一个字节类型数组缓冲区，通过 read( )方法以流的形式从字节数组中读取字节，即将内容读进内存中。定义 ByteArrayInputStream 对象，先是在构造方法中传入一个字节数组，然后再通过这个输入流逐个或者多个字节地读取出我们需要的信息。

  下面通过一个程序来说明这两个类的使用方法。

```
package Chapter3;
import java.io.ByteArrayInputStream;
import java.io.ByteArrayOutputStream;
public class ByteArrayStreamExample {
    public static void main(String[] args) {
        int a=1;
        int b=2;
        int c=3;
        int r;
        ByteArrayOutputStream bout = new ByteArrayOutputStream();
        bout.write(a);
        bout.write(b);
        bout.write(c);
        byte[] buff = bout.toByteArray();
        System.out.println("以 byte 数组形式输出");
        for(int i=0; i<buff.length; i++)
          System.out.println(buff[i]);
        System.out.println("通过 ByteArrayInputStream 读取输出");
        ByteArrayInputStream bin = new ByteArrayInputStream(buff);
         while((r=bin.read())!=-1) {
          System.out.println(r);
         }
    }
}
```

  DataOutputStream 类的作用是允许写入不同类型的数据，并可以相应地转换成为合适类型的字节，例如：整型 int 是 4 个字节，UTF 是每个字符 2 个字节。提供的写入方法有 writeBoolean,writeByte, writeChar,writeChars,writeDouble,writeFloat,writeInt,writeLong,writeShort,writeUTF 等。

DataInputStream 类的作用是允许读入不同类型的数据，提供的读取方法有 readBoolean( ),readByte( ),readChar( ),readDouble( ),readFloat( ),readInt( ),readLong( ),readShort( ),readUnsignedByte( ),readUTF( )等。

需要注意的是,使用 DataOutputStream 类进行数据写入与使用 DataInputStream 类进行数据读取一般是一一对应的, 即如果是使用 writeInt( )方法写入整形数据,那么将是采用 readInt( )方法进行读取。

ByteArrayOutputStream/ByteArrayInputStream 与 DataOutputStream/DataInputStream 类的主要区别是, 前者建立数据缓存, 在读取或者写入一组数据时, 能够较好地节省资源。后者可以区分不同类型数据进行操作。在网络数据传送、数据存储等实际项目中, 可以将这两种类结合起来使用。先是创建一个 ByteArrayOutputStream 对象, 接着用它作为构造一个 DataOutputStream 对象的参数, 然后往里写入数据, 最后用 ByteArrayOutputStream 的 toByteArray()方法返回写入的字节数组。类似地, 先是创建一个 ByteArrayInputStream 对象, 接着用它作为构造一个 DataInputStream 对象的参数, 然后读取里面的数据。

```java
package Chapter3;

import java.io.ByteArrayInputStream;
import java.io.ByteArrayOutputStream;
import java.io.DataInputStream;
import java.io.DataOutputStream;
import java.io.IOException;

public class StreamExample {
    public static void main(String[] args)throws IOException {
            ByteArrayOutputStream bout = new ByteArrayOutputStream();
            DataOutputStream dout = new DataOutputStream(bout);
            String department;
            int teacherNum;
            int studentNum;
            department= "信息工程学院";
            teacherNum = 2000;
            studentNum=70;
            dout.writeUTF(department);
            dout.writeInt(teacherNum);
            dout.writeInt(studentNum);
            byte[] buff = bout.toByteArray();
            ByteArrayInputStream bin = new ByteArrayInputStream(buff);
            DataInputStream dis = new DataInputStream(bin);
            department = dis.readUTF();
            System.out.println("院系:"+department);
            teacherNum = dis.readInt();
            System.out.println("教师数:"+teacherNum);
            studentNum = dis.readInt();
            System.out.println("学生数:"+studentNum);
        }
}
```

## （二）RecordStore 类

记录存储可以理解为一组记录集合, RecordStore 是对记录存储进行管理的类, 提供了插入、更新和删除记录存储中记录的管理方法。下面首先介绍记录存储的基本管理方法。

1. 打开一个记录存储

调用 openRecordStore( )方法可以打开或者创建一个记录存储, 该方法是一个静态的方法, 可

73

以使用 RecordStore 类直接调用。每个记录存储都有一个唯一的区分大小写的名字，名字的长度不能超过 32 个 Unicode 字符。openRecordStore 有 3 种参数不相同的调用方法：

OpenRecordStore(String recordStoreName, boolean createIfNecessary)：打开具有指定名称 recordStoreName 的记录存储。如果没有这个名称的记录存储，那么调用这个方法将会创建一个记录存储。如果记录存储已经打开，这个方法将返回对同一个记录存储对象的引用。参数 recordStoreName 表示记录存储的名字，字符串的长度不能超过 32；参数 createIfNecessary 取值为 true 时，表示如果记录存储不存在则创建一个新的记录存储。

OpenRecordStore(String recordStoreName, boolean createIfNecessary, int authmode, boolean writable)：参数 authmode 表示记录存储的访问权限，有 AUTHMODE_PRIVATE 和 AUTHMODE_ANY 两种取值，其中 AUTHMODE_PRIVATE 表示只允许创建记录存储的 MIDlet 程序访问，而 AUTHMODE_ANY 则是允许任何其他 MIDlet 程序访问；参数 writable 取值为 true 时，允许其他 MIDlet 程序修改记录存储。

OpenRecordStore(String recordStoreName, String vendorName, String suiteName)：打开一个在其他 MIDlet suite 里面创建的 Record Store。参数 vendorName 表示发布商名字；suiteName 表示 MIDlet suite 名字，可以从 jad 文件中得到这两个数据。如果记录存储 recordStoreName 的读取权限为 AUTHMODE_PRIVATE，该方法将返回安全错误。

下面给出利用第一种方法的代码示例。

```
private RecordStore rs = null;
try {
        //打开一个名为 Address 的 RecordStore，如果打开失败，则创建一个
        rs = RecordStore.openRecordStore("Address", true);
    } catch (Exception e) {
        e.printStackTrace();
    }
```

2. 关闭一个记录存储

在对记录存储的所有操作完成后，可以使用 closeRecordStore( )方法关闭记录存储，以释放资源。当一个记录存储被关闭后，不能再做进一步的操作，否则会导致抛出 RecordStoreNotOpenException 异常。记录存储的打开次数和关闭次数相等，才能够确保记录存储真正被关闭。

下面给出关闭记录存储的代码示例。

```
private RecordStore rs = null;
try {
    //打开一个名为 Address 的 RecordStore，如果打开失败，则创建一个
    rs = RecordStore.openRecordStore("Address", true);
    //进行记录存储的相关操作
    …
    //在最后关闭记录存储
    rs.closeRecordStore();
    } catch (Exception e) {
        e.printStackTrace();
    }
```

3. 删除一个记录存储

当不需要记录存储时，可以使用 deleteRecordStore(String recordStoreName)来进行删除，其中

参数 recordStoreName 表示要删除的记录存储名字。在删除记录存储之前，需要确保该记录存储已经关闭，否则会抛出 RecordStoreException 异常。

下面给出删除掉某个记录存储的代码示例。

```
//假定 rs 是已经打开的名为 Address 的记录存储
try {
    //关闭记录存储
    rs.closeRecordStore();
    RecordStore.deleteRecordStore("Address");
} catch (Exception e) {
    e.printStackTrace();
}
```

从上面的打开、关闭和删除记录存储操作来看，打开和删除操作都是利用 RecordStore 类调用相应的静态方法来实现，在方法中需要给出记录存储的名字。

4. 向记录存储中添加一条记录

向记录存储单元添加一条记录，是使用 addRecord(byte[] data, int offset, int numBytes)方法，参数 data 用于添加记录数据，用一个字节数组表示；offset 为写入记录字节数组的起始索引；numBytes 表示新增加记录的字节数。在 addRecord 方法中，最关键的参数是 data 字节数组的获取，通常是采用 ByteArrayOutputStream 和 DataOutputStream 一起生成字节数组。

下面给出添加一条记录的例子代码。

```
private RecordStore rs = null;
try {
    rs = RecordStore.openRecordStore("Address", false);
} catch (RecordStoreException e) {
    e.printStackTrace();
    return;
}
ByteArrayOutputStream bOut = new ByteArrayOutputStream();
DataOutputStream dOut = new DataOutputStream(bOut);
try { dOut.writeUTF(name.getString());
    dOut.writeUTF("小明");
    dOut.writeUTF("13888888888");
    dOut.close();
    byte[] bData = bOut.toByteArray();
    rs.addRecord(bData, 0, bData.length);
} catch (Exception e) {
     e.printStackTrace();
} finally {
    try {
        rs.closeRecordStore();
    } catch (RecordStoreException e) {
        e.printStackTrace();
    }
}
```

# 三、任务实施

1. 设计用户输入界面

在界面中提供姓名、单位、电话、QQ 和地址 5 个信息供用户录入。

```
TextField name,tel,qq,address,danwei;//定义输入文本框
String sName,sTel,sQQ,sAddress,sDanWei;//定义文本框录入的信息
Command CMD_CANCEL, CMD_SAVE;//定义退出和保存按钮
name=new TextField("姓名:", sName, 10, TextField.ANY);//姓名文本框
name.setPreferredSize(form.getWidth(), -1);
danwei=new TextField("单位:", sDanWei, 20, TextField.ANY);//单位文本框
danwei.setPreferredSize(form.getWidth(), -1);
tel=new TextField("电话:", sTel, 11, TextField.NUMERIC);//电话文本框
tel.setPreferredSize(form.getWidth(), -1);
qq=new TextField("QQ:", sQQ, 10, TextField.NUMERIC);//QQ 文本框
qq.setPreferredSize(form.getWidth(), -1);
address=new TextField("地址:", sAddress, 40, TextField.ANY);//地址文本框
address.setPreferredSize(form.getWidth(), -1);
Form form = new Form("添加按钮");
//将上面的 4 个文本框都加入 form 容器当中
form.append(name);
form.append(danwei);
form.append(tel);
form.append(qq);
form.append(address);
```

## 2. 在界面上设置返回和保存按钮

```
//添加保存按钮
CMD_SAVE=new Command("保存",Command.OK,1);
form.addCommand(CMD_SAVE);
//添加跳出按钮
CMD_CANCEL=new Command("返回",Command.CANCEL,1);
form.addCommand(CMD_CANCEL);
//对按钮进行监听
form.setCommandListener(this);
```

## 3. 实现保存按钮函数

在该函数当中将输入界面中的信息保存到记录存储当中。

```
public void commandAction(Command c, Displayable d) {
    if(c==CMD_SAVE){
        try {
            //打开名为 Address 的记录存储
            rs = RecordStore.openRecordStore("Address", false);
        } catch (RecordStoreException e) {
            e.printStackTrace();
            return;
        }
        ByteArrayOutputStream bOut = new ByteArrayOutputStream();
        DataOutputStream dOut = new DataOutputStream(bOut);
        try {
            dOut.writeUTF(name.getString());
            dOut.writeUTF(tel.getString());
            dOut.writeUTF(danwei.getString());
            dOut.writeUTF(qq.getString());
            dOut.writeUTF(address.getString());
            dOut.close();
            byte[] bData = bOut.toByteArray();
            rs.addRecord(bData, 0, bData.length);
        } catch (Exception e) {
            e.printStackTrace();
```

```
            } finally {
                try {
                    rs.closeRecordStore();
                } catch (RecordStoreException e) {
                    e.printStackTrace();
                }
            }
        }
    }
```

# 任务二　查找联系人记录

## 一、任务分析

本任务需要实现的效果示意图如图 3-2 所示。

当有很多条联系人数据存储到记录存储中之后，就需要提供一个查找功能，方便用户快速找到所需要的联系人信息。查找联系人应提供一个文本框给用户，由用户输入联系人的部分信息后，单击查找按钮，界面显示出符合条件的联系人。要完成本次任务，需要思考如下两个问题。

（1）如何把查询条件传递给 RMS？

（2）如何把查询结果的每条记录显示在界面上？

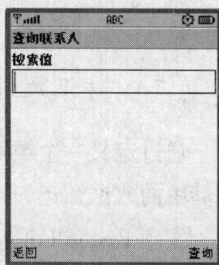

图 3-2　查找记录

## 二、相关知识

### （一）对记录的遍历

RecordStore 类提供了 enumerateRecords (RecordFilter filter, RecordComparator comparator, boolean keepUpdated)方法来列举出记录存储中的记录，方法执行的结果是一组记录的集合。其中参数 filter 用于筛选记录，如果取值为 null，则表示不做筛选，列出记录存储中所有的记录；参数 comparator 用于对查找的记录进行排序，如果取值为 null，则表示不需要对返回的记录进行排序。参数 keepUpdated 是 boolean 类型，如果取值为 true，查询结果集合将与记录存储中的数据保持一致，这将引起比较大的资源开销。一般情况该参数是使用 false 值，也就是在进行查询时，如果记录存储的数据被增加、修改或者删除，查询结果将不能够反应出这些最新的变化。下面对 enumerateRecords 方法的 3 种常用参数设置进行总结。

（1）rs.enumerateRecords(null,null,false);//列出所有的记录。

（2）rs.enumerateRecords(null, sort,false);//以 sort 排序方式列出所有的记录，sort 的定义方法将在后面做介绍。

（3）rs.enumerateRecords(qf, sort,false);//列出满足 qf 条件的记录，qf 的定义方法将在后面做介绍。

RecordEnumeration 是一个记录枚举接口，用于遍历一组从记录存储器中返回的记录。它提供了 hasNextElement()方法用于判断集合是否还有记录；提供 nextRecord()函数返回集合中的下一个记录；提供 previousRecord()返回集合中的上一条记录；提供 numRecords()返回集合中记录的个数。

下面代码展示了如何利用 RecordEnumeration 接口循环地把记录存储中的每个记录逐个读出。

```
RecordEnumeration  rEnum = null;
rEnum = rs.enumerateRecords(null, null, false);//rs 为记录存储对象
while (rEnum.hasNextElement()) {
    data = rEnum.nextRecord();
    try {
        bIn = new ByteArrayInputStream(data);
        dIn = new DataInputStream(bIn);
        sName = dIn.readUTF();//从流中读取名字
        sTel = dIn.readUTF();//从流中读取电话
        …
        dIn.close();
    } catch (IOException e) {
        e.printStackTrace();
    }
}
```

## （二）对记录进行过滤

通过定义一个类实现 RecordFilter 接口，在类中定义记录是否匹配的标准，从而实现对记录存储中的数据筛选，挑选出符合程序员所定义条件的数据。

实现 RecordFilter 接口的关键是实现 matches(byte[] candidate)方法，其中参数 candidate 为字节数组，用于表示需要比较的记录。在 matches 方法中，编写逻辑代码实现筛选记录的规则。Matches方法如果返回 true 则表示记录匹配，返回 false 则表示不匹配。

```
public class QueryFilter implements RecordFilter{
    String sValue;
    //在构造方法中传递需要查找的数值 sCondition
    public QueryFilter(String sCondition) {
        sValue=sCondition;
    }
    //将候选记录与需要查找的数值进行比较
    public boolean matches(byte[] candidate) {
        String str=new String(candidate);
        return (str.startsWith(sValue ));//本例判断筛选的标准是数值是否在记录的开头
    }
}
```

## （三）对记录进行排序

通过定义一个类实现 RecordComparator 接口，在类中定义记录与记录之间排序的标准，从而实现对记录存储中记录的排序。

实现 RecordFilter 接口的关键是实现 compare(byte[] rec1, byte[] rec2)方法，其中参数 rec1 表示第一个比较的记录，参数 rec2 表示第二个比较的记录。在方法中对 rec1 和 rec2 进行比较，如果rec1 需要排在 rec2 前面，则 compare 方法返回 RecordComparator.PRECEDES；如果 rec1 需要排在rec2 后面，则 compare 方法返回 RecordComparator.FOLLOWS；如果 rec1 和 rec2 的位置相等，则compare 方法返回 RecordComparator.EQUIVALENT。

```
public class QuerySort implements RecordComparator{
    public int compare(byte[] arg0, byte[] arg1) {
```

```
        String str1=new String(arg0); //将字节数组转换成为字符串
        String str2=new String(arg1);
        //compareTo 函数是以字典方式对两个字符串进行比较
        int result =str1.compareTo(str2);
        if(result==0){
            return RecordComparator.EQUIVALENT;
        }else if(result<0){ //result 小于 0 表示 str1 经过字典比较比 str2 要小
            return RecordComparator.PRECEDES;
        }else{ //result 大于 0 表示 str1 经过字典比较比 str2 要大
            return RecordComparator.FOLLOWS;
        }
    }
}
```

## 三、任务实施

（1）定义过滤查询数据的类。

```
import javax.microedition.rms.RecordFilter;
public class QueryFilter implements RecordFilter{
    String sValue;
    //在构造方法中传递需要查找的数值
    public QueryFilter(String sCondition) {
        sValue=sCondition.toUpperCase();
    }
    //将候选记录与需要查找的数值进行比较
    public boolean matches(byte[] candidate) {
        //不区分大小写
        String str=new String(candidate).toUpperCase();
        //使用 indexOf 方法检查一个字符串是否包含另外一个字符串
        if(sValue!=null && str.indexOf(sValue)!=-1)
            return true;
        else
            return false;
    }
}
```

（2）定义排序数据的类。

```
import javax.microedition.rms.RecordComparator;
public class QuerySort implements RecordComparator{
    public int compare(byte[] arg0, byte[] arg1) {
        String str1=new String(arg0);//将字节数组转换成为字符串
        String str2=new String(arg1);
        //compareTo 函数是以字典方式对两个字符串进行比较
        int result =str1.compareTo(str2);
        if(result==0){
            return RecordComparator.EQUIVALENT;
        }else if(result<0){//result 小于 0 表示 str1 经过字典比较比 str2 要小
            return RecordComparator.PRECEDES;
        }else{//result 大于 0 表示 str1 经过字典比较比 str2 要大
            return RecordComparator.FOLLOWS;
        }
    }
}
```

（3）定义用户查找界面类，提供搜索值供用户录入。在界面上应设置返回和查询按钮。

```
public class QueryRMS extends Form implements CommandListener{
    TextField key;
    Command CMD_CANCEL,CMD_QUERY;
    public QueryRMS() {
        super("查询联系人");
        key=new TextField("搜索值","",20,TextField.ANY);
        this.append(key);
        CMD_CANCEL=new Command("返回",Command.CANCEL,1);
        CMD_QUERY=new Command("查询",Command.OK,1);
        this.addCommand(CMD_CANCEL);
        this.addCommand(CMD_QUERY);
        this.setCommandListener(this);
    }
    public void commandAction(Command c, Displayable d) {
        byte[] data;
        ByteArrayInputStream bIn;
        DataInputStream dIn;
        RecordEnumeration rEnum = null;//定义记录枚举器对象
        String sName, sTel;
        String sKey;
        QuerySort sort = new QuerySort();
        //如果退出不作查询，则显示所有记录
        if(c==CMD_CANCEL){
            rEnum = rs.enumerateRecords(null, sort, false);
        }else if(c==CMD_QUERY){
            sKey=key.getString();
            QueryFilter qf = new QueryFilter(sKey);
            rEnum = rs.enumerateRecords(qf, sort, false);
        }
        while (rEnum.hasNextElement()) {
            data = rEnum.nextRecord();
            try {
                bIn = new ByteArrayInputStream(data);
                dIn = new DataInputStream(bIn);
                sName = dIn.readUTF();
                sTel = dIn.readUTF();
                System.out.println("姓名是"+sName + ",电话是" + sTel);
                dIn.close();
            } catch (IOException e) {
                e.printStackTrace();
            }
        }
    }
}
```

# 任务三　修改联系人记录

## 一、任务分析

本任务需要实现的效果示意图如图 3-3 所示。

对联系人信息进行修改，首先需要将联系人的信息从 RMS 读出并显示在界面上。在用户进行修改后，再将更新后的记录写回到记录存储当中。要完成本次任务，需要思考如下两个问题。

1. 记录存储中用什么来标识每条记录的唯一性？
2. 如何把界面上修改后的记录更新到记录存储中？

图 3-3　修改记录

## 二、相关知识

### （一）记录 ID

记录存储中的每一条记录都是由一个整型的 RecordID 与一个代表数据的 byte[]数组两个子元素组成，见图 3-4。

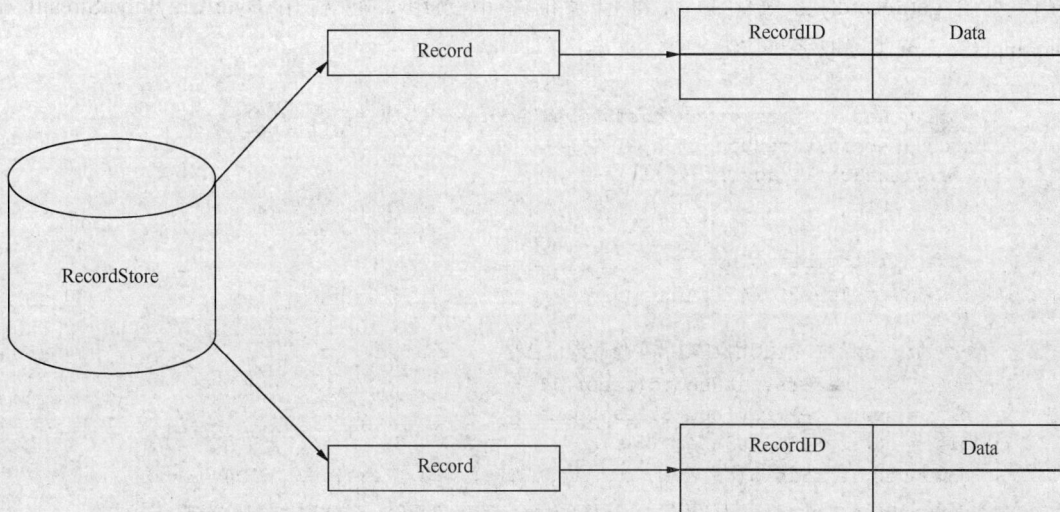

图 3-4　记录存储结构

RecordID 是每条记录的唯一性标志，不同记录的 RecordID 不相同。利用 RecordID 可以从记录存储中找到唯一对应的一条记录。需要注意的是，系统自动使用单增算法生成 RecordID，即在每次使用 addRecord 方法添加记录时，新记录的 RecordID 比前一个记录的 RecordID 要大，例如：第一条添加的记录 RecordID 是 0，第二个是 1，依此类推。在添加一条记录之后，它的记录号也就唯一分配了。即使该记录被删除，它的 RecordID 值也不会被重复使用。所以，记录存储中相邻的记录并不一定会有连续的 RecordID。

### （二）修改记录

RecordStore 类提供了 setRecord(int recordId, byte[] newData, int offset, int numBytes)方法对联系人记录进行修改。其中参数 recordId 表示需要修改的记录的 ID，参数 newData 表示新的字节数组，offset 表示 newData 数组写入记录的起始索引；numBytes 表示 newData 数组的字节数。

从 setRecord 方法中的参数可看出，要修改一条记录，需要获得修改记录的 RecordID 号。有

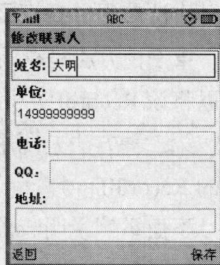

两种方法获得一条记录的 RecordID：

第一种方法是在调用 RecordStore 类的 addRecord 方法时，会返回增加的记录的 RecordID 号，可以将该 RecordID 号保存下来。

第二种方法是调用 RecordEnumeration 接口的 nextRecordId()方法，获得记录集合中下一条记录的 RecordID 号。

下面举例说明 setRecord 方法的使用：

```
byte[] bytes = {1,2,3,7,8};
//将字节数组 bytes 的全部内容写入到 RecordID 为 2 的记录集 rs 中，原有记录将会被覆盖掉。
rs.setRecord(2,bytes,0,bytes.length);
```

## 三、任务实施

（1）将需要修改的记录数据显示在界面上，下面示例代码的关键是将需要编辑的记录 RecordID 值传递给 getRecord()方法，以获得记录的字节数组，再利用 ByteArrayInputStream 和 DataInputStream 类读取字节数组。

```
try {
      rs = RecordStore.openRecordStore("Address", false);
} catch (RecordStoreException e) {
      e.printStackTrace();
      return;
}
ByteArrayInputStream bIn;
DataInputStream dIn;
try {
    //参数 recordID 表示用户单击需要修改的记录的 RecordID 值
    byte[] data = rs.getRecord(recordID);
    bIn = new ByteArrayInputStream(data);
    dIn = new DataInputStream(bIn);
    name=new TextField("姓名:", dIn.readUTF(), 10, TextField.ANY);
    danwei=new TextField("单位:", dIn.readUTF(), 20, TextField.ANY);
    tel=new TextField("电话:", dIn.readUTF(), 11, TextField.NUMERIC);
    qq=new TextField("QQ:", dIn.readUTF(), 10, TextField.NUMERIC);
    address=new TextField("地址:", dIn.readUTF(), 40, TextField.ANY);
    dIn.close();
    //将上面的四个文本框都加入 form 容器当中
    form.append(name);
    form.append(danwei);
    form.append(tel);
    form.append(qq);
    form.append(address);
} catch (Exception e) {
    e.printStackTrace();
} finally {
  try {
    rs.closeRecordStore();
  } catch (RecordStoreException e) {
    e.printStackTrace();
  }
}
```

（2）将新的记录更新到记录存储当中。实现的关键是使用 ByteArrayOutputStream 和 DataOutputStream 将界面上的联系人信息写入字节数组，再用 setRecord 方法将字节数组写入到记录当中。

```
try {
    //打开名为Address的记录存储
    rs = RecordStore.openRecordStore("Address", false);
    } catch (RecordStoreException e) {
    e.printStackTrace();
    return;
}
ByteArrayOutputStream bOut = new ByteArrayOutputStream();
DataOutputStream dOut = new DataOutputStream(bOut);
try {
    dOut.writeUTF(name.getString());
    dOut.writeUTF(tel.getString());
    dOut.writeUTF(danwei.getString());
    dOut.writeUTF(qq.getString());
    dOut.writeUTF(address.getString());
    dOut.close();
    byte[] bData = bOut.toByteArray();
    rs.setRecord(recordID, bData, 0, bData.length);
} catch (Exception e) {
     e.printStackTrace();
} finally {
  try {
        rs.closeRecordStore();
    } catch (RecordStoreException e) {
        e.printStackTrace();
    }
}
```

# 任务四　查看联系人记录

## 一、任务分析

本任务需要实现的效果示意图如图 3-5 所示。

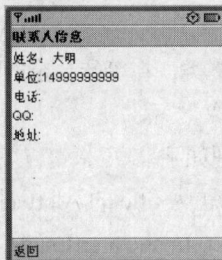

图 3-5　查看记录

和任务三的实现方法具有一定的相似性，区别在任务三可以修改联系人记录，而本任务只是将联系人的信息显示在界面上，不允许用户修改联系人的信息。要完成本次任务，需要思考如何在界面上只显示信息，但用户并不能够修改这些信息。

## 二、任务实施

读取联系人的信息和任务三的方法一样，同样是使用 sName,sDanWei,sTel,sQQ 和 sAddress 变量表示记录存储中读取到联系人的信息。定义一个字符串变量 sDetail，将联系人信息全部放进 sDetail 中，使用"\r\n"对每个信息进行换行，以便于隔开不同的信息。最后将 sDetail 放到 Form 对象中，从而可以在屏幕上显示出联系人信息。主要的代码实现如下：

```
String sDetail="姓名: "+sName+"\r\n"+
               "单位:"+sDanWei+"\r\n"+
               "电话:"+sTel+"\r\n"+
               "QQ:"+sQQ+"\r\n"+
               "地址:"+sAddress;
//form 为 Form 对象，将联系人信息以字符串形式添加到容器上，用户只能看信息，而不能够修改
form.append(sDetail);
```

# 任务五　删除联系人记录

## 一、任务分析

用户单击删除联系人操作时，应提示用户是否确定删除选定的记录，如果用户选择确定，则将该记录删除，如果用户选择取消，则不执行删除操作。要完成本次任务，需要思考如下两个问题。

（1）如何在界面上给用户提供删除操作的信息提示？

（2）如何将一条记录从记录存储中删除？

## 二、相关知识

### （一）显示信息提示

Alert 是一个向用户显示信息的屏幕类，在等待一定的时间后，可以返回到下一个显示页面。一个 Alert 对象可以包含文本信息和图像。

Alert 类有两种构造方法，格式分别如下。

（1）Alert(String title)：构建一个标题为 title 的 Alert 对象。

（2）Alert(String title, String alertText, Image alertImage, AlertType alertType)：这种构造方法比较常用，用于构建一个标题为 title、内容为 alertText、图像为 alertImage 以及提示类型为 alertType 的 Alert 对象。如果没有图像，alertImage 可以取 null 值；参数 alertType 用于表示提示类型，有 AlertType.ALARM, AlertType.CONFIRMATION, AlertType.ERROR, AlertType.INFO 和 AlertType.

WARNING 五种取值，分别表示警报类型、确认类型、错误类型、信息类型和警告类型。

使用 Display 对象的 setcurrent 方法，将 Alert 对象显示在屏幕上。Alert 对象在显示时，会先发出一段警告声音。Alert 类比较重要的方法介绍如下。

（1）addCommand(Command cmd)：将按钮添加到 Alert 对象中。例如，可以将确定、取消等按钮添加到 Alert 对象。

（2）getDefaultTimeout()：获得显示 Alert 对象的缺省时间。

（3）getImage()：获得用在 Alert 对象中的图像。

（4）getIndicator()：获得进度器。进度器是使用 Gauge 类表示。

（5）getString()：获得用在 Alert 对象上的内容。

（6）getTimeout()：获得 Alert 对象显示的时间。

（7）getType()：获得 Alert 对象的提示类型。

（8）removeCommand(Command cmd)：将按钮 cmd 从 Alert 对象中移除。

（9）setCommandListener(CommandListener l)：对 Alert 对象设置监听，即对按钮的单击能够做出响应。

（10）setImage(Image img)：向 Alert 对象设置图像。

（11）setIndicator(Gauge indicator)：对 Alert 对象设置进度器。

（12）setString(String str)：对 Alert 对象设置内容。

（13）setTimeout(int time)：对 Alert 对象设置显示的时间。参数 time 的时间单位是毫秒，既可以是正数，也可以直接赋予 Alert.FOREVER 用于表示 Alert 对象一直显示直到用户主动去关闭它。

（14）setType(AlertType type)：设置 Alert 对象的提示类型。

下面给出一个 Alert 的使用例子。

```
public class AlertDemo extends MIDlet implements CommandListener {
    Display dis;
    Form form;
    Command CMD_ALERT;//Alert 按钮
    public AlertDemo(){
        dis=Display.getDisplay(this);
        form=new Form("演示 Alert 的用法");
        CMD_ALERT=new Command("Alert",Command.OK,1);
        form.addCommand(CMD_ALERT);
        form.setCommandListener(this);
        dis.setCurrent(form);
    }
    protected void destroyApp(boolean arg0) throws MIDletStateChangeException {
        // TODO Auto-generated method stub

    }

    protected void pauseApp() {
        // TODO Auto-generated method stub

    }

    protected void startApp() throws MIDletStateChangeException {
        // TODO Auto-generated method stub
```

```
          }

     public void commandAction(Command c, Displayable d) {
          if(c == CMD_ALERT){
               Image img;
               try{
                img = Image.createImage("/alert.png");
                //创建一个 Alert 屏幕对象
                Alert alert =
                         new Alert("Alert 类","这是 Alert 类的使用方法!",img,AlertType.INFO);
                dis.setCurrent(alert, form);
               }
               catch(java.io.IOException e)
               {
                img = null;
                System.out.println("图像未能够成功加载");
               }
          }
     }
}
```

程序运行的结果见图 3-6。

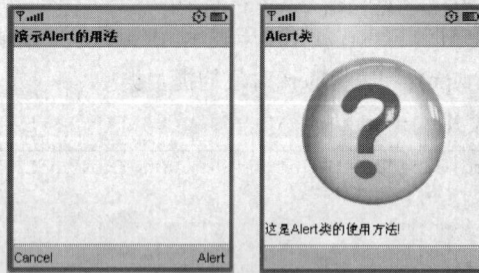

图 3-6　Alert 使用效果

## （二）删除记录

删除掉一条记录，使用 RecordStore 类的 deleteRecord(int recordId)方法。从参数中可以看出，是以记录的 RecordID 号作为删除某一条记录的依据。

## 三、任务实施

利用 Alert 定义一个显示窗口，让用户选择是否确定删除某个联系人记录。如果用户选择确定，则删除该联系人，否则返回原有联系人记录列表。

```
Alert alt = new Alert("删除", "您确定要删除此联系人吗？", null, AlertType.INFO);
alt.addCommand(new Command("Yes", Command.OK, 1));
alt.addCommand(new Command("No", Command.CANCEL, 2));
dis.setCurrent(alt, mainlist);//将 Alert 对象显示在手机屏幕上
alt.setCommandListener(new CommandListener() {
```

```
public void commandAction(Command c, Displayable d) {
    if (c.getLabel().equals("Yes")) {   //用户选择 Yes
        try {
            try {
                rs = RecordStore.openRecordStore("Address", true);
                rs.deleteRecord(recordID);
            } catch (RecordStoreException e) {
                e.printStackTrace();
            } finally {
                try {
                    rs.closeRecordStore();
                } catch (RecordStoreException e) {
                    e.printStackTrace();
                }
            }
        } catch (Exception e) {
            System.out.println("删除失败");
        }
        //更新记录存储中剩余联系人的列表，代码省略
        ...
    }
    //打开联系人记录显示列表界面，代码省略
    ...
}
});
```

# 任务六　设计主界面

## 一、任务分析

本任务需要实现的效果示意图如图 3-7 所示。

用户在打开手机联系人程序时，主界面将显示出当前记录存储中的联系人信息。手机通讯录程序，有添加、编辑、删除、查看和查询 5 个功能。将这些操作集成在主界面上，可以方便用户随时能够进行各种操作。要完成本次任务，需要思考如下两个问题。

（1）如何将记录存储中的主要信息显示在主界面上？

（2）如何把添加、编辑、删除、查看和查询 5 个功能较好地集成在主界面上？

图 3-7　主界面

## 二、相关知识

列表形式显示数据

List 类在手机显示屏幕上以选项列表的形式显示数据，这样便于将一组数据整齐地显示在屏幕上。一个 List 子类通常需要实现 CommandListener 接口。

List 类有两种构造方法。

（1）List(String title, int listType)：创建一个列表对象。参数 title 表示列表的标题；参数 listType 表示列表的类型，有 3 种取值，分别是 IMPLICIT, EXCLUSIVE 和 MULTIPLE。

① IMPLICIT：没有单选或者多选按钮。如果 List 对象设置了 CommandListener，选择会立即通知到应用程序。在 commandAction 方法中，若参数 Command 对象的值为 SELECT_COMMAND 时，则表示用户执行了选择操作。

② EXCLUSIVE：单选，用户在所有选项中只能选择一项。当用户选择一个选项时，之前的选择将会被取消，焦点转移到当前选择的选项上，再选择或取消选择不会引起事件的触发。

③ MULTIPLE：多选，用户可以选择 0 或多个选项，这种类似于复选框，选择动作不会触发事件。

（2）List(String title, int listType, String[] stringElements, Image[] imageElements)：创建一个列表对象。参数 title 和 listType 的含义和第一种构造方法的含义一样，参数 stringElements 为列表内容，参数 imageElements 为列表内容的图像，用作修饰列表内容。

下面对 List 类的主要方法进行介绍。

（1）append(String stringPart, Image imagePart)：向列表项中添加一个元素，其中参数 stringPart 是元素的文字内容，imagePart 是元素的图像。

（2）delete(int elementNum)：删除列表项中的某个元素，参数 elementNum 表示删除元素的索引。

（3）deleteAll()：删除列表中的所有数据。

（4）getFitPolicy()：获得列表元素内容根据屏幕空间大小布局的策略。

（5）getFont(int elementNum)：获得某个列表元素的字体，参数 elementNum 表示元素的索引。

（6）getImage(int elementNum)：获得某个列表元素的图片，参数 elementNum 表示元素的索引。

（7）getSelectedFlags(boolean[] selectedArray_return)：查询列表中各元素的状态，以数组 selectedArray_return 返回每个元素的选中情况，如果数组元素取值为 true，则表示数组元素被选中；如果为 false 则表示没有被选中。这个方法一般用在 MULTIPLE 类型，用于判断哪些元素被选中。

（8）getSelectedIndex()：返回列表中被选中元素的索引。一般用在 IMPLICIT 和 EXCLUSIVE 类型的列表。

（9）getString(int elementNum)：返回索引值为 elementNum 的元素内容。

（10）insert(int elementNum, String stringPart, Image imagePart)：向列表中索引为 elementNum 的前面插入一个元素。参数 stringPart 表示插入元素的内容，参数 imagePart 表示插入元素的图像。

（11）isSelected(int elementNum)：判断索引为 elementNum 的元素是否被选中。

（12）removeCommand(Command cmd)：移除列表中的 cmd 按钮。

（13）set(int elementNum, String stringPart, Image imagePart)：修改索引为 elementNum 的元素。参数 stringPart 表示元素的新内容，参数 imagePart 表示元素的新图像。

（14）setFitPolicy(int fitPolicy)：设置列表元素内容根据屏幕空间大小布局的策略。参数 fitPolicy 的取值是 Choice.TEXT_WRAP_DEFAULT, Choice.TEXT_WRAP_ON 和 Choice.TEXT_WRAP_ OFF，用于决定过长的文字如何被处理。其中，TEXT_WRAP_OFF 是默认取值，由厂家决定；Choice.TEXT_WRAP_ON 表示列表元素内容超出限制部分换到下一行显示；参数 Choice.TEXT_ WRAP_OFF 表示将列表每个元素内容显示在一行上，对超出部分进行截取。

（15）setFont(int elementNum, Font font)：设置索引值为 elementNum 的元素的字体。

（16）setSelectedFlags(boolean[] selectedArray)：对列表中元素的选择状态进行设置，参数

selectedArray 为各个元素的选中状态设置。

（17）setSelectedIndex(int elementNum, boolean selected)：对于 MULTIPLE 类型，可以对某个索引值设置其选中状态。

（18）size( )：返回列表元素的数量。

注意：在项目二中已经介绍了使用 ChoiceGroup 类进行选项显示，List 和 ChoiceGroup 都能够显示单选和多选选项。但 List 和 ChoiceGroup 有一定的差异，不同点如下。

（1）List 继承于 Screen，可以直接显示在屏幕上，而 ChoiceGroup 需要通过 Displayable 或子类来显示。

（2）当类型为 IMPLICIT 时，如果 List 的选项被切换，将会触发相应的 commandAction 事件，从而捕捉到用户的单击动作。

（3）ChoiceGroup 有 POPUP 类型，这是 List 不具有的类型。

下面举一个例子说明 List 的 3 种不同显示风格，其效果示意图如图 3-8 所示。

```java
public class ListExample extends MIDlet implements CommandListener{
    Display dis;
    Command CMD_SHOW,CMD_CANCEL;
    List listI;
    List listE;
    List listM;
    public ListExample() {
        dis=Display.getDisplay(this);
        listI=new List("IMPLICIT类型",Choice.IMPLICIT);
        listI.append("EXCLUSIVE类型", null);
        listI.append("MULTIPLE类型", null);
        CMD_SHOW=new Command("显示",Command.OK,1);
        CMD_CANCEL=new Command("返回",Command.CANCEL,1);
        listI.addCommand(CMD_SHOW);
        listI.setCommandListener(this);
        listE=new List("EXCLUSIVE类型",Choice.EXCLUSIVE);
        listE.append("北京",null);
        listE.append("上海",null);
        listE.append("广州",null);
        listE.addCommand(CMD_CANCEL);
        listE.setCommandListener(this);
        listM=new List("MULTIPLE类型",Choice.MULTIPLE);
        listM.append("北京",null);
        listM.append("上海",null);
        listM.append("广州",null);
        listM.addCommand(CMD_CANCEL);
        listM.setCommandListener(this);
        dis.setCurrent(listI);
    }

    protected void destroyApp(boolean arg0) throws MIDletStateChangeException {
        // TODO Auto-generated method stub

    }
```

```
        protected void pauseApp() {
            // TODO Auto-generated method stub

        }

        protected void startApp() throws MIDletStateChangeException {
            // TODO Auto-generated method stub

        }
        public void commandAction(Command c, Displayable d) {
            // TODO Auto-generated method stub
            if(c == CMD_SHOW){
                if(listI.getSelectedIndex()==0)
                    dis.setCurrent(listE);
                else
                    dis.setCurrent(listM);

            }else if(c == CMD_CANCEL){
                dis.setCurrent(listI);
            }
        }
    }
```

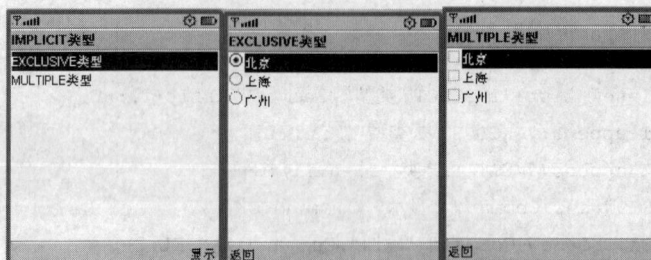

图 3-8　List 的 3 种不同显示风格

# 三、任务实施

定义一个类继承 List，将记录存储中的联系人信息显示在列表上，将添加、编辑、删除、查看和查询按钮放在主界面上，查询功能体现在用户选择某条记录时点击手机上的确定值后直接查看。

```
public class MainRMS extends List implements CommandListener {
    Command CMD_EXIT, CMD_ADD, CMD_DELETE, CMD_EDIT, CMD_QUERY;
    RecordStore rs;
    String sCondition;
    static int[] id = new int[100];//用于记录联系人的 id
    static MainRMS mainlist;

    public MainRMS(String sCondition) {
        super("通信录", List.IMPLICIT);
        this.sCondition = sCondition;
        mainlist = this;
        listRMS(sCondition);
        CMD_EXIT = new Command("退出", Command.EXIT, 1);
```

```
        CMD_ADD = new Command("添加", Command.OK, 1);
        CMD_EDIT = new Command("编辑", Command.OK, 1);
        CMD_DELETE = new Command("删除", Command.OK, 1);
        CMD_QUERY = new Command("查询", Command.OK, 1);
        this.addCommand(CMD_EXIT);
        this.addCommand(CMD_ADD);
        this.addCommand(CMD_EDIT);
        this.addCommand(CMD_DELETE);
        this.addCommand(CMD_QUERY);
        this.setCommandListener(this);
    }
//根据条件从RMS中列出存储记录
public void listRMS(String sCondition) {
    int i = 0;
    byte[] data;
    ByteArrayInputStream bIn;
    DataInputStream dIn;
    RecordEnumeration rEnum = null;//定义记录枚举器对象
    String sName, sTel;
    QuerySort sort = new QuerySort();
    this.deleteAll();
    try {
        rs = RecordStore.openRecordStore("Address", true);
        if (sCondition == null) {
            rEnum = rs.enumerateRecords(null, sort, false);
        } else {
            QueryFilter qf = new QueryFilter(sCondition);
            rEnum = rs.enumerateRecords(qf, sort, false);
        }
        i = 0;
        while (rEnum.hasNextElement()) {
            id[i] = rEnum.nextRecordId();
            data = rs.getRecord(id[i]);//以字节数组形式返回某个id值的记录
            try {
                bIn = new ByteArrayInputStream(data);
                dIn = new DataInputStream(bIn);
                sName = dIn.readUTF();
                sTel = dIn.readUTF();
                this.append(sName + "        " + sTel, null);
                dIn.close();
            } catch (IOException e) {
                e.printStackTrace();
            }
            i++;
        }
    } catch (Exception e) {
        e.printStackTrace();
    } finally {
        rEnum.destroy();
        try {
```

```
                    rs.closeRecordStore();
            } catch (RecordStoreException e) {
                e.printStackTrace();
            }
            if (i == 0 && sCondition != null) {
                Ticker tick = new Ticker("没有找到该联系人");
                this.setTicker(tick);
                listRMS(null);

            }
        }

    }

    public void commandAction(Command c, Displayable d) {

        if (c == CMD_EXIT) {
            //退出操作
        } else if (c == CMD_ADD) {
            //添加新的一条记录，在任务一已经实现
        } else if (c == CMD_EDIT) {
            //编辑选中的记录，在任务三已经实现
        } else if (c == List.SELECT_COMMAND) {
            //查看选中的记录，在任务四已经实现
        } else if (c == CMD_QUERY) {
            //打开查询界面，在任务二已经实现
        } else if (c == CMD_DELETE) {
            //删除选中的记录，在任务五已经实现
        }
    }

}
```

# 完整项目实施

手机通信录程序由多个类组成，下面分别对每个类的实现进行详细的介绍。

（1）手机通信录程序运行的 MIDlet 类：RMSMidlet。

```
package Project3;

import javax.microedition.lcdui.Display;
import javax.microedition.midlet.MIDlet;
import javax.microedition.midlet.MIDletStateChangeException;

public class RMSMidlet extends MIDlet {
    Display dis;
    public static RMSMidlet midlet;
    public RMSMidlet() {
        // TODO Auto-generated constructor stub
        dis=Display.getDisplay(this);
        midlet=this;
        dis.setCurrent(new MainRMS(null));
    }
```

```
    protected void destroyApp(boolean unconditional)
            throws MIDletStateChangeException {
        // TODO Auto-generated method stub

    }

    protected void pauseApp() {
        // TODO Auto-generated method stub

    }

    protected void startApp() throws MIDletStateChangeException {
        // TODO Auto-generated method stub

    }
    public void close(){
        notifyDestroyed();
    }
}
```

（2）手机通信录程序主界面类：MainRMS。

```
package Project3;

import java.io.ByteArrayInputStream;
import java.io.DataInputStream;
import java.io.IOException;

import javax.microedition.lcdui.Alert;
import javax.microedition.lcdui.AlertType;
import javax.microedition.lcdui.Command;
import javax.microedition.lcdui.CommandListener;
import javax.microedition.lcdui.Displayable;
import javax.microedition.lcdui.List;
import javax.microedition.lcdui.StringItem;
import javax.microedition.lcdui.Ticker;
import javax.microedition.rms.RecordEnumeration;
import javax.microedition.rms.RecordStore;
import javax.microedition.rms.RecordStoreException;

public class MainRMS extends List implements CommandListener {
    Command CMD_EXIT, CMD_ADD, CMD_DELETE, CMD_EDIT, CMD_QUERY;
    RecordStore rs;
    String sCondition;
    static int[] id = new int[100];//用于记录联系人的id
    static MainRMS mainlist;
    public MainRMS(String sCondition) {
        super("通信录", List.IMPLICIT);
        this.sCondition = sCondition;
        mainlist = this;
        listRMS(sCondition);
        CMD_EXIT = new Command("退出", Command.EXIT, 1);
        CMD_ADD = new Command("添加", Command.OK, 1);
        CMD_EDIT = new Command("编辑", Command.OK, 1);
```

```
        CMD_DELETE = new Command("删除", Command.OK, 1);
        CMD_QUERY = new Command("查询", Command.OK, 1);
        this.addCommand(CMD_EXIT);
        this.addCommand(CMD_ADD);
        this.addCommand(CMD_EDIT);
        this.addCommand(CMD_DELETE);
        this.addCommand(CMD_QUERY);
        this.setCommandListener(this);
    }

    public void listRMS(String sCondition) {
        int i = 0;
        byte[] data;
        ByteArrayInputStream bIn;
        DataInputStream dIn;
        RecordEnumeration rEnum = null;//定义记录枚举器对象
        String sName, sTel;
        QuerySort sort = new QuerySort();
        this.deleteAll();
        try {
            rs = RecordStore.openRecordStore("Address", true);
            if (sCondition == null) {
                rEnum = rs.enumerateRecords(null, sort, false);
            } else {
                QueryFilter qf = new QueryFilter(sCondition);
                rEnum = rs.enumerateRecords(qf, sort, false);
            }
            i = 0;
            while (rEnum.hasNextElement()) {
                id[i] = rEnum.nextRecordId();
                data = rs.getRecord(id[i]);//以字节数组形式返回某个id值的记录
                try {
                    bIn = new ByteArrayInputStream(data);
                    dIn = new DataInputStream(bIn);
                    sName = dIn.readUTF();
                    sTel = dIn.readUTF();
                    this.append(sName + "        " + sTel, null);
                    dIn.close();
                } catch (IOException e) {
                    e.printStackTrace();
                }
                i++;
            }
        } catch (Exception e) {
            e.printStackTrace();
        } finally {
            rEnum.destroy();
            try {
                rs.closeRecordStore();
            } catch (RecordStoreException e) {
                e.printStackTrace();
            }
            if (i == 0 && sCondition != null) {
                Ticker tick = new Ticker("没有找到该联系人");
```

```java
            this.setTicker(tick);
            listRMS(null);

        }
    }


}
public void deleteRMS() {
    Alert alt = new Alert("删除", "您确定要删除此联系人吗? ", null, AlertType.INFO);
    alt.addCommand(new Command("Yes", Command.OK, 1));
    alt.addCommand(new Command("No", Command.CANCEL, 2));
    RMSMidlet.midlet.dis.setCurrent(alt, mainlist);
    alt.setCommandListener(new CommandListener() {
        public void commandAction(Command c, Displayable d) {
            if (c.getLabel().equals("Yes")) {
                try {
                    try {
                        rs = RecordStore.openRecordStore("Address", true);
                        rs.deleteRecord(id[getSelectedIndex()]);
                    } catch (RecordStoreException e) {
                        e.printStackTrace();
                    } finally {
                        try {
                            rs.closeRecordStore();
                        } catch (RecordStoreException e) {
                            e.printStackTrace();
                        }
                    }
                } catch (Exception e) {
                    System.out.println("删除失败");
                }
                listRMS(sCondition);
            }
            RMSMidlet.midlet.dis.setCurrent(mainlist);
        }
    });


}


public void commandAction(Command c, Displayable d) {
    // TODO Auto-generated method stub
    if (c == CMD_EXIT) {
        RMSMidlet.midlet.close();
    } else if (c == CMD_ADD) {
        OperateRMS addRMS = new OperateRMS(1);
        RMSMidlet.midlet.dis.setCurrent(addRMS.getForm());
    } else if (c == CMD_EDIT) {
        OperateRMS editRMS = new OperateRMS(2);
        RMSMidlet.midlet.dis.setCurrent(editRMS.getForm());
    } else if (c == List.SELECT_COMMAND) {
        OperateRMS viewRMS = new OperateRMS(3);
        RMSMidlet.midlet.dis.setCurrent(viewRMS.getForm());
    } else if (c == CMD_QUERY) {
        QueryRMS queryRMS = new QueryRMS();
        RMSMidlet.midlet.dis.setCurrent(queryRMS);
    } else if (c == CMD_DELETE) {
        deleteRMS();
    }
}
```

```
}
```

（3）手机通信录程序添加、编辑、查看操作类：OperateRMS。

```java
package Project3;

import java.io.ByteArrayInputStream;
import java.io.ByteArrayOutputStream;
import java.io.DataInputStream;
import java.io.DataOutputStream;
import java.io.IOException;
import javax.microedition.lcdui.Alert;
import javax.microedition.lcdui.AlertType;
import javax.microedition.lcdui.Command;
import javax.microedition.lcdui.CommandListener;
import javax.microedition.lcdui.Display;
import javax.microedition.lcdui.Displayable;
import javax.microedition.lcdui.Form;
import javax.microedition.lcdui.TextField;
import javax.microedition.rms.RecordStore;
import javax.microedition.rms.RecordStoreException;

public class OperateRMS implements CommandListener{
    Command CMD_CANCEL, CMD_SAVE;//定义退出和保存按钮
    TextField name,tel,qq,address,danwei;//定义输入文本框
    String sName,sTel,sQQ,sAddress,sDanWei;//定义文本框录入的信息
    String sDetail;
    String title;
    Form form;
    RecordStore rs = null;
    int operator;
    public OperateRMS(int operator){
        this.operator=operator;
        switch(operator){
          case 1:
              title="添加联系人";
              sName="";
              sTel="";
              sQQ="";
              sAddress="";
              sDanWei="";
              break;
          case 3:

          case 2:
              title="编辑联系人";
              try {
                  rs = RecordStore.openRecordStore("Address", false);
              } catch (RecordStoreException e) {
                  e.printStackTrace();
                  return;
              }
              ByteArrayInputStream bIn;
              DataInputStream dIn;
              try {
                  byte[] data =
```

```
                    rs.getRecord(MainRMS.id[MainRMS.mainlist.getSelectedIndex()]);
                bIn = new ByteArrayInputStream(data);
                dIn = new DataInputStream(bIn);
                sName = dIn.readUTF();
                sDanWei = dIn.readUTF();
                sTel = dIn.readUTF();
                sQQ=dIn.readUTF();
                sAddress= dIn.readUTF();
                dIn.close();
            } catch (Exception e) {
                e.printStackTrace();
            } finally {
                try {
                    rs.closeRecordStore();
                } catch (RecordStoreException e) {
                    e.printStackTrace();
                }
            }
            break;
    }
    if(operator==3){
        title="联系人信息";
    }
    form = new Form(title);
    if(operator==3){
        sDetail="姓名: "+sName+"\r\n"+
        "单位:"+sDanWei+"\r\n"+
        "电话:"+sTel+"\r\n"+
        "QQ:"+sQQ+"\r\n"+
        "地址:"+sAddress;
        form.append(sDetail);
    }else{
        name=new TextField("姓名:", sName, 10, TextField.ANY);//姓名文本框
        name.setPreferredSize(form.getWidth(), -1);
        danwei=new TextField("单位:", sDanWei, 20, TextField.ANY);//单位文本框
        danwei.setPreferredSize(form.getWidth(), -1);
        tel=new TextField("电话:", sTel, 11, TextField.NUMERIC);//电话文本框
        tel.setPreferredSize(form.getWidth(), -1);
        qq=new TextField("QQ:", sQQ, 10, TextField.NUMERIC);//QQ 文本框
        qq.setPreferredSize(form.getWidth(), -1);
        address=new TextField("地址:", sAddress, 40, TextField.ANY);//地址文本框
        address.setPreferredSize(form.getWidth(), -1);
        //将上面的五个文本框加入到 form 容器当中
        form.append(name);
        form.append(danwei);
        form.append(tel);
        form.append(qq);
        form.append(address);
        //添加保存按钮
        CMD_SAVE=new Command("保存",Command.OK,1);
        form.addCommand(CMD_SAVE);
    }
    //添加返回按钮
```

```
                    CMD_CANCEL=new Command("返回",Command.CANCEL,1);
                    form.addCommand(CMD_CANCEL);
                    //对按钮进行监听
                    form.setCommandListener(this);
              }
         public Form getForm(){
             return form;
         }

          public void commandAction(Command c, Displayable d) {
              // TODO Auto-generated method stub
              if(c==CMD_SAVE){
                  try {
                      //打开名为 Address 的记录存储
                      rs = RecordStore.openRecordStore("Address", false);
                  } catch (RecordStoreException e) {
                      e.printStackTrace();
                      return;
                  }
                  ByteArrayOutputStream bOut = new ByteArrayOutputStream();
                  DataOutputStream dOut = new DataOutputStream(bOut);
                  try {
                      dOut.writeUTF(name.getString());
                      dOut.writeUTF(tel.getString());
                      dOut.writeUTF(danwei.getString());
                      dOut.writeUTF(qq.getString());
                      dOut.writeUTF(address.getString());
                      dOut.close();
                      byte[] bData = bOut.toByteArray();
                      if(operator==2){
                          rs.setRecord(MainRMS.id[MainRMS.mainlist.getSelectedIndex()],
bData, 0, bData.length);
                      }else{
                          rs.addRecord(bData, 0, bData.length);
                      }
                  } catch (Exception e) {
                      e.printStackTrace();
                  } finally {
                      try {
                          rs.closeRecordStore();
                      } catch (RecordStoreException e) {
                          e.printStackTrace();
                      }
                      MainRMS mainRMS=new MainRMS(null);
                      RMSMidlet.midlet.dis.setCurrent(mainRMS);
                  }
              }else if(c==CMD_CANCEL){
                  MainRMS mainRMS=new MainRMS(null);
                  RMSMidlet.midlet.dis.setCurrent(mainRMS);
              }
          }
     }
```

（4）手机通信录程序查询操作类：QueryRMS。

```
package Project3;

import javax.microedition.lcdui.Command;
import javax.microedition.lcdui.CommandListener;
import javax.microedition.lcdui.Displayable;
import javax.microedition.lcdui.Form;
import javax.microedition.lcdui.TextField;

public class QueryRMS extends Form implements CommandListener{
    TextField key;
    Command CMD_CANCEL,CMD_QUERY;
    public QueryRMS() {
        super("查询联系人");
        key=new TextField("搜索值","",20,TextField.ANY);
        this.append(key);
        CMD_CANCEL=new Command("取消",Command.CANCEL,1);
        CMD_QUERY=new Command("查询",Command.OK,1);
        this.addCommand(CMD_CANCEL);
        this.addCommand(CMD_QUERY);
        this.setCommandListener(this);
    }
    public void commandAction(Command c, Displayable d) {
        String sKey;
        //如果不查询，则回到主页面
        if(c==CMD_CANCEL){
            MainRMS mainRMS=new MainRMS(null);
            RMSMidlet.midlet.dis.setCurrent(mainRMS);
        }else if(c==CMD_QUERY){
            sKey=key.getString();
            MainRMS mainRMS=new MainRMS(sKey);
            RMSMidlet.midlet.dis.setCurrent(mainRMS);
        }

    }
}
```

（5）手机通信录程序查询过滤类：QueryFilter。

```
package Project3;

import javax.microedition.rms.RecordFilter;

public class QueryFilter implements RecordFilter{
    String sValue;
    //在构造方法中传递需要查找的数值
    public QueryFilter(String sCondition) {
        sValue=sCondition.toUpperCase();
    }
    //将候选记录与需要查找的数值进行比较
    public boolean matches(byte[] candidate) {
        // TODO Auto-generated method stub
        String str=new String(candidate).toUpperCase();
        if(sValue!=null&&str.indexOf(sValue)!=-1)
            return true;
        else
            return false;
    }
```

```
}
```

（6）手机通信录程序查询排序类：QuerySort。

```
package Project3;

import javax.microedition.rms.RecordComparator;

public class QuerySort implements RecordComparator{

    public int compare(byte[] arg0, byte[] arg1) {
        String str1=new String(arg0);//将字节数组转换成为字符串
        String str2=new String(arg1);
        //compareTo 函数是以字典方式对两个字符串进行比较
        int result =str1.compareTo(str2);
        if(result==0){
            return RecordComparator.EQUIVALENT;
        }else if(result<0){//result 小于 0 表示 str1 经过字典比较比 str2 要小
            return RecordComparator.PRECEDES;
        }else{//result 大于 0 表示 str1 经过字典比较比 str2 要大
            return RecordComparator.FOLLOWS;
        }

    }

}
```

# 实训项目 1　我的移动日记

1．实训目的与要求

学会利用 RMS 技术结合高级用户界面技术开发涉及手机数据存储管理类的应用软件，掌握在 RMS 中实现增加、删除、修改和查询。

2．实训内容

要求：程序运行后打开数据显示界面，按照时间先后顺序列出已经写好的日记。

（1）程序操作界面：标题、时间、详细日记内容。用户可以在该界面上完成录入、修改、查询日记等功能。

（2）数据显示界面：以标题+时间的方式列出已经写好的日记，界面上有退出、录入、修改、查询等按钮。

3．思考

（1）RMS 数据库文件保存在手机上的位置？

（2）RMS 的设计与 PC 机上数据库的设计有何差异？

# 实训项目 2　英语题库系统

1．实训目的与要求

学会利用 RMS 实现题库方面的应用，包括随机组题，检查答题的正确性，统计分数等。

2. 实训内容

（1）用户登录后，可以选择英语考试题库，四级或者六级难度，系统自动组成题库。注意英语题库可以根据需要预先录入一些基础数据。

（2）程序主操作界面：每道题是以单选题方式提供，在屏幕上显示答题者的当前得分。用户如果输入正确的答案，则显示下一道题。如果输入错误的答案，则给出答案提示。

3. 思考

（1）如何根据难度来实现随机的抽题，组题？

（2）如何维护更新手机上的题库？

项 目 四

开发天气预报程序

# 任务一　获取天气预报信息

## 一、任务分析

手机要获得天气预报信息，首先要获得天气预报信息的来源。Google 公司已经为程序员提供了获得城市天气信息的接口，本任务就是要通过手机来调用 Google 的天气 API 来获得天气信息。要完成本次任务，需要思考如下两个问题。

（1）如何通过程序连接 Google 天气预报接口网站。

（2）如何从返回的天气预报信息中抽取程序所需要的部分。

## 二、相关知识

### （一）Google 天气预报 API

Google 提供了免费的天气预报信息调用接口。使用 Google Weather API 查询天气预报的方法比较简单，只需要在一个 URL 网址 http://www.google.com/ig/api? 上填写上查询条件，即可返回 XML 格式的天气预报结果，主要有如下几种方法。

（1）以地方的邮政编码作为条件进行查询，这种方法只适用于美国地区

```
http://www.google.com/ig/api?hl=zh-cn&weather=10002
```

10002 为美国纽约的邮政编码，只需要将该值赋予给 weather 即可查询纽约地区的天气预报。hl=zh-cn，表示以简体中文显示。

（2）以地方的经纬度坐标作为条件进行查询。

```
http://www.google.com/ig/api?hl=zh-cn&weather=,,,39920000,116460000
```

北京经度：东经 116.46，纬度：北纬 39.92，采用 E6 方式表示，即度数再乘以 1000000。

（3）以地方所在城市的名称汉语拼音作为查询条件，例如：以下是北京的天气预报查询。

```
http://www.google.com/ig/api?hl=zh-cn&weather=Beijing
```

## （二）XML 知识

标记语言采用一套标记标签来表示文本信息，标签是由尖括号包围的关键词，例如<html>，标签的作用是描述文本信息。

XML（eXtensible Markup Language）称为可扩展标记语言。XML 文档的后缀是.xml，既可以使用专门的编辑工具，也可以使用文本编辑器进行编写。XML 提供统一的方法来描述和交换独立于应用程序或供应商的结构化数据。XML 的标记没有被预定义，用户可以自己定义标记来描述数据。XML 提供统一的方法来描述和交换独立于应用程序或供应商的结构化数据。XML 与 HTML（HyperText Markup Language）的差异在于 XML 主要用来存储规范的数据信息。

下面以 Google 返回的北京天气预报 XML 数据为例进行说明。

```xml
<?xml version="1.0" ?>
 <xml_api_reply version="1">
<weather module_id="0" tab_id="0" mobile_row="0" mobile_zipped="1" row="0" section="0">
<forecast_information>
 <city data="Beijing, Beijing" />
 <postal_code data="beijing" />
 <latitude_e6 data="" />
 <longitude_e6 data="" />
 <forecast_date data="2011-12-19" />
 <current_date_time data="2011-12-20 04:30:00 +0000" />
 <unit_system data="SI" />
 </forecast_information>
 <current_conditions>
 <condition data="晴" />
 <temp_f data="21" />
 <temp_c data="-6" />
 <humidity data="湿度：50%" />
 <icon data="/ig/images/weather/sunny.gif" />
 <wind_condition data="风向：北、风速：1 米/秒" />
 </current_conditions>
 <forecast_conditions>
 <day_of_week data="周一" />
 <low data="-8" />
 <high data="3" />
 <icon data="/ig/images/weather/mostly_sunny.gif" />
 <condition data="以晴为主" />
 </forecast_conditions>
 <forecast_conditions>
 <day_of_week data="周二" />
 <low data="-7" />
 <high data="3" />
 <icon data="/ig/images/weather/mostly_sunny.gif" />
 <condition data="以晴为主" />
```

```
    </forecast_conditions>
  <forecast_conditions>
  <day_of_week data="周三" />
  <low data="-9" />
  <high data="3" />
  <icon data="/ig/images/weather/mostly_sunny.gif" />
  <condition data="以晴为主" />
  </forecast_conditions>
<forecast_conditions>
  <day_of_week data="周四" />
  <low data="-9" />
  <high data="1" />
  <icon data="/ig/images/weather/mostly_sunny.gif" />
  <condition data="以晴为主" />
  </forecast_conditions>
  </weather>
  </xml_api_reply>
```

XML 文档的第一行是 XML 声明，定义了 XML 的版本。

XML 文档的第二行是表示天气预报 API 的版本，xml_api_reply 是文档的根元素。每个 XML 元素都以一个起始标记开始，以一个结束标记收尾。起始标记以"<"符号开始，以">"符号结束。结束标记以"</"符号开始，以">"符号结束。XML 的标记是可以自定义的，主要用来描述数据，例如 xml_api_reply 元素就是一个标记。而 <xml_api_reply> 就是一个起始标记，</xml_api_reply> 就是一个结束标记。

XML 文档的第三行是表示天气预报的属性配置，在 weather 元素下面包括了 forecast_information，current_conditions 和 forecast_conditions 元素。XML 元素可以带有属性，属性值要加引号。比如 module_id、tab_id、mobile_row、mobile_zipped 和 row、section 都是 weather 元素的属性，其中 0 为 module_id 的属性值。

XML 文档中的 forecast_information 元素表示的是天气预报的基本信息。例如：天气预报的城市、邮政编码、经纬度、预报日期、当前时间等。

XML 文档中的 forecast_conditions 元素表示的是未来天气情况，有 4 个 forecast_conditions 元素，即可以预测 4 天的天气信息，包括：预报的时间、最低温度、最高温度、天气图片网址和天气描述。这些是天气预报程序将要获得的信息。

## （三）安装 kXML

为了更好地获得 XML 文档中标签的内容，主要有两种编程模型帮助程序员更好地对 XML 文档进行分析，一种是以流的方式，另一种是以文档对象模型（DOM）方式。其中，DOM 方式是将所有的 XML 数据以树状结构的形式加载到内存中，这种方式适用于对数据随机访问操作，但不适宜用于大型文件；流的方式是基于事件的方式，即当需要数据时就可以开始分析，并不要求读取完所有的数据。流的方式较适合于对速度要求高或者硬件资源条件低的场合。流方式处理又分 Pull 和 Push 两种，其中 Pull 是依靠应用程序来主动请求获得所需要的数据，而 Push 则是依靠解析器来发送数据的。

KXML 是一个基于 Pull 的小 XML 语法分析程序，专门为受约束的环境而设计，只有 40K，非常适合在 Java ME 平台下使用。可以到 kXML 的主页 http://kxml.sourceforge.net/上下载 kXML 包，目前最新的包是 kxml2-2.3.0.jar。下面是将 kxml2-2.3.0.jar 包加入到 Java ME 项目中的步骤。

　　首先单击 Java ME 项目，右键选择【Properties】，进入 Java ME 项目属性配置页面，单击【Java Build Path】，选择 Libraries 页面，单击【Add External JARs】按钮将保存在本地上的 kxml2-2.3.0.jar 加入到 Java ME 项目中（见图 4-1）。如果只是做这一步，在 Java ME 项目中引用 kXML 的代码不再报错误，但运行时可能还会报 NoClassDefFoundError 错误。这是由于 Java ME 发布运行时要将所有的第三方包都要打在同一个包内，因此需要再单击 Order and Export 页面，将导入的 kxml2-2.3.0.jar 包选中（见图 4-2）。

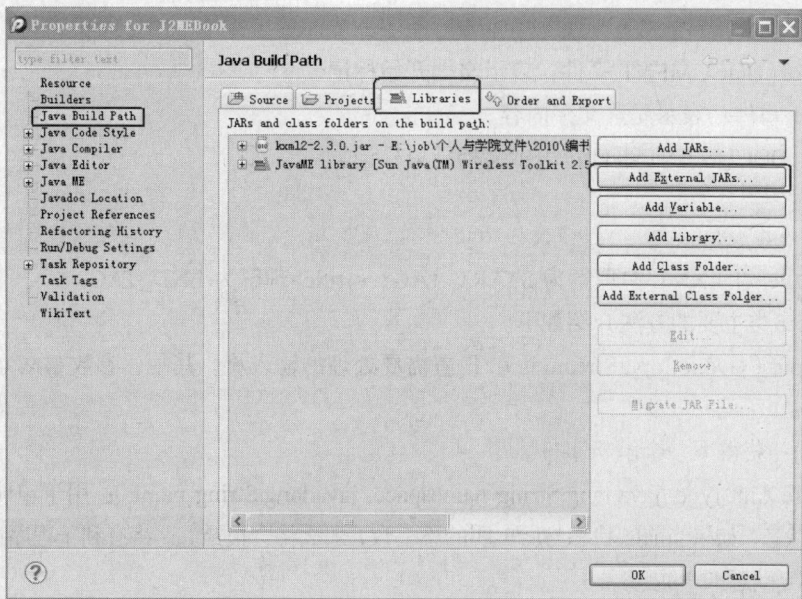

图 4-1　添加外部 Jar 文件

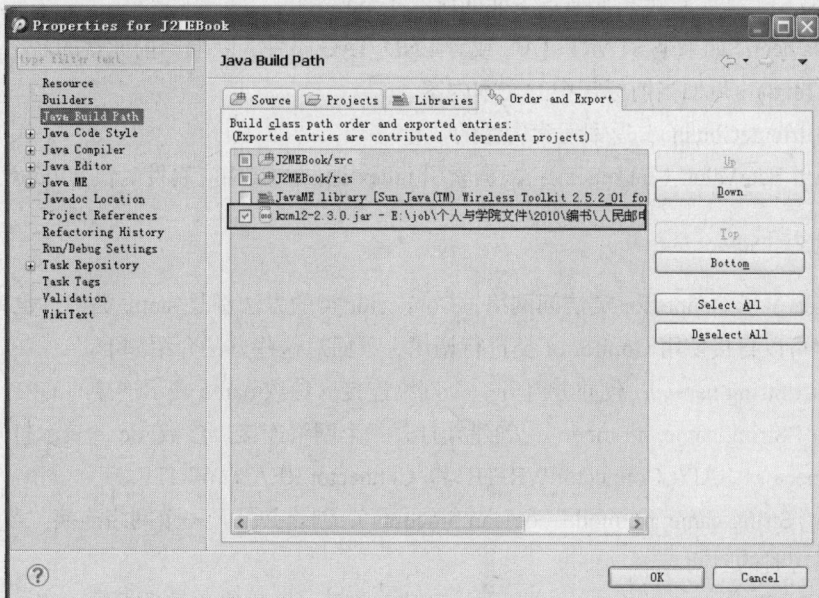

图 4-2　设置导出的包及顺序

## （四）调用 KXML

在 Java ME 项目中调用 kXML，最主要就是使用 kXmlParser 类来对 XML 进行解释，所以首先需要在代码中进行导入：

```
import org.kxml2.io.kXmlParser;
```

然后定义一个 kXmlParser 对象：

```
kXmlParser parser = new kXmlParser();
```

KXmlParser 类是基于事件对 XML 文档进行分析，主要的解析事件类型 type 的取值如下。

（1）START_TAG 事件：表示元素开始标记。

（2）END_TAG 事件：表示元素结束标记。

（3）START_DOCUMENT 事件：表示文档开始标记。

（4）TEXT 事件：表示元素文字内容。

（5）END_DOCUMENT 事件：表示文档结束标记。

例如：

```
<title ****></title>
```

其中，<title>在 kXML 中理解为 START_TAG，</title>理解为 END_TAG

KXmlParser 类主要的方法介绍如下。

（1）setInput（java.io.InputStream is）：设置需要处理的输入流。其中，参数 is 表示读取 XML 文档的输入流。

（2）next()：获得下一个解析事件。

（3）require（int type, java.lang.String namespace, java.lang.String name）：用于申明一个 XML 解析器的当前状态，如果当前的状态与所申明的不一致，那么将会报错。这将有利于程序员检查 XML 文档结构是否与设想的一致。

（4）nextTag()：移到下一个标记，或者是开始标记或者是结束标记。

（5）skipSubTree()：跳过当前节点下面的所有子节点。

（6）getName()：如果是 START_TAG 或者 END_TAG 事件，获取当前元素的名字。

（7）nextText()：返回当前标记中的文本内容。

（8）getAttributeCount()：返回元素属性的数量。

（9）getAttributeValue（int index）：根据索引 index 返回元素相应属性的值。index 从 0 开始。

## （五）连接网站

Java ME 提供了 Connector 类访问网络，Connector 类的方法都是 static 类型，也就是说不需要生成对象就可以直接使用 Connector 类进行调用，下面对这些方法介绍如下。

（1）open（String name）：创建并打开一个网络连接。参数 name 表示连接的 URL 地址。

（2）open（String name, int mode）：创建并打开一个网络连接。参数 mode 表示打开的权限，取值为：Connector.READ，Connector.WRITE 和 Connector.READ_WRITE。

（3）open（String name, int mode, boolean timeouts）：创建并打开一个网络连接。参数 timeouts 表示打开网络超时的时间。

（4）openDataInputStream（String name）：创建并打开一个网络连接数据输入流。

（5）openDataOutputStream（String name）：创建并打开一个网络连接数据输出流。

（6）openInputStream（String name）：创建并打开一个网络连接输入流。

（7）openOutputStream（String name）：创建并打开一个网络连接输出流。

Connector 的 7 个函数都有参数 name，name 表示的是 URL 地址，其一般格式描述为：协议名://目标:参数。下面是常见的访问地址描述方式。

（1）采用 HTTP 协议，例如：http://www.gzpyp.gzedu.cn

（2）采用 Socket 协议，例如：socket://localhost:9000

（3）采用 Datagram 协议，例如：datagram://:9000

（4）采用文件协议，例如：file://myfile.txt

（5）采用短信协议，例如：sms://+8613889634622:5000

Connector 的 open 函数返回值是 Connection 类型。为了方便操作，Java ME 为不同的协议连接提供了相应的接口（见表 4-1）。

表 4-1                                          协议和处理接口

| 协议类型 | 处理接口 |
| --- | --- |
| HTTP 协议 | HttpConnection |
| Https 协议 | HttpsConnection |
| Datagram 协议 | DatagramConnection |
| UDP 协议 | UDPDatagramConnection |
| Socket 协议 | SocketConnection |
| 文件协议 | FileConnection |
| 短信协议 | MessageConnection |

可根据相应协议连接，进行强制数据类型转换，如对于采用 HTTP 协议进行连接，利用 HttpConnection 接口进行强制类型转换。

```
HttpConnection httpConn = (HttpConnection)Connector.open(http://www.pyp.edu.cn);
```

本项目将通过手机客户利用 Http 协议访问 Google 服务器获取天气信息。客户向服务器发送请求包括请求方法、头和正文。其中请求方法是确定如何将数据发送给远程服务器。Java ME 中可以使用的 GET、POST 和 HEAD 3 种方法。使用 GET 方法，是把客户机数据作为 URL 的一部分一起发送。使用 POST 方法，客户机数据通过与建立连接请求不同的、单独的流中发送。使用 HEAD 方法，请求不向服务器发送任何数据，而是向服务器请求关于远程资源的首部信息。下面是用 GET 打开一个 HTTP 连接的例子，其中：

```
String url = " http://www.google.com/ig/api?hl=zh-cn&weather=Beijing";
HttpConnection http = null;
http = (HttpConnection) Connector.open(url);
http.setRequestMethod(HttpConnection.GET);
```

下面对 HttpConnection 接口的主要方法做介绍。

（1）getDate()：获取头部中的日期信息。

（2）getExpiration()：获取头部中的过期时间。

（3）getFile()：从 URL 中获取文件名。

（4）getHeaderField（int n）：根据索引 n 返回头部相应的字段值。

（5）getHeaderField（String name）：根据名字得到头部的字段值。

（6）getHost()：返回连接的主机信息。

（7）getLastModified()：返回最后修改的字段值。

（8）getPort()：返回连接的端口。

（9）getProtocol()：返回连接的协议。

（10）getQuery()：返回 GET 请求发送的查询语句，即 URL 字符串中"？"号后面的语句。

（11）getRef()：返回 URL 的引用部分。

（12）getRequestMethod()：得到当前的请求方法，例如：GET、POST 或者 HEAD。

（13）getRequestProperty（String key）：获得连接中请求属性为 key 的值。

（14）getResponseCode()：获得 HTTP 响应的代码，返回值类型是整型。

（15）getResponseMessage()：获得 HTTP 响应的消息，返回值类型是字符串。

（16）getURL()：返回连接的 URL。

（17）setRequestMethod（String method）：设置 URL 请求的方法。参数 method 的取值为 GET,POST 和 HEAD。

（18）setRequestProperty（String key, String value）：设置请求属性的值。

## 三、任务实施

通过 Google 网站获取天气预报信息的主要步骤是两个。

（1）将需要查询的城市拼音作为参数，建立 URL 地址，通过 Connector 类的 open 方法向服务器提出天气预报信息请求。

（2）利用 kXmlParser 对象对返回的天气预报信息 XML 文件进行分析，读出所需要的天气预报信息。

```
public void parseData(){
        int i=0;
        String sValue;
        //city 变量表示城市名字的拼音
        String weatherUrl="http://www.google.com/ig/api?hl=zh-cn&weather="+city;
        //表示天气情况图标的基础网址
        String weatherIcon="http://www.google.com";
        //定义 XML 语法分析对象
        kXmlParser parser = new kXmlParser();
        try
        {
        //建立天气预报查询连接
        httpConn =(HttpConnection)Connector.open(weatherUrl);
        //采用 GET 请求方法
        httpConn.setRequestMethod(HttpConnection.GET);
        //打开数据输入流
        din=httpConn.openDataInputStream();
        //将 DataInputStream 类型数据转换为 InputStream 类型
        parser.setInput(new InputStreamReader(din));
        //跳过第一行
```

```
parser.next();
//检测当前位置是否是位于 xml_api_reply 开始标记
parser.require(KXmlParser.START_TAG,null,"xml_api_reply");
parser.nextTag();//weather 标签
parser.nextTag();//forecast_information 标签
parser.skipSubTree();//跳出 forecast_information 标签里面的元素
parser.nextTag();//current_conditions 标签
parser.skipSubTree();//跳出 current_conditions 标签
parser.nextTag();//forecast_conditions 标签
//采用循环来读取 4 天的天气预报信息，信息分别放在 day，low，high 和 icon 数组中
while(i<4){
        //循环读取每天的天气预报信息
        while(parser.nextTag()!=KXmlParser.END_TAG )
        {
                //获取天气预报信息
                sValue=new String(parser.getAttributeValue(0).getBytes(),"gb2312");
                if(parser.getName().equals("day_of_week")){
                        day[i]=sValue+"天气"; //天气预报日期
                }
                if(parser.getName().equals("low")){
                        low[i]="最低: "+sValue;//最低温度
                }
                if(parser.getName().equals("high")){
                        high[i]="最高: "+sValue;//最高温度
                }
                if(parser.getName().equals("icon")){
                        icon[i]=weatherIcon+sValue;//天气情况图标网址
                }
                if(parser.getName().equals("condition")){
                        summary[i]=sValue;//天气情况概述
                }
                parser.nextTag();
        }
        parser.nextTag();
        i++;
}

}catch (Exception ex){
    ex.printStackTrace();
}finally{
    //释放连接
    try{
        din.close();
        httpConn.close();

    }catch(Exception ex){
      ex.printStackTrace();
    }
}

}
```

# 任务二　下载天气图片

## 一、任务分析

Google 天气预报 XML 文件中提供了描述天气信息的图片（格式为 gif），可以将其下载到手机上，这样对天气信息显得更为直观。要完成本次任务，需要思考如下两个问题。

（1）如何从网络中下载图片文件？

（2）如何在手机上显示下载的图片？

## 二、任务实施

通过网络下载图片的两个主要步骤如下。

（1）将下载图片的 URL 地址作为参数，通过 Connector 类的 open 方法向服务器提出图片获取请求。

（2）利用 Image 类将返回的图片流转换成程序内部能够处理的图像。

主要实现代码示例如下。

```
Try
{
    httpConn =(HttpConnection)Connector.open(iconURL);//iconURL 为图片的 URL 地址
    httpConn.setRequestMethod(HttpConnection.GET);
    din =httpConn.openDataInputStream();
    Image im=Image.createImage(din); //从字节流中解码创建一个不可变图像
    form.append(im); //将图片加载到 Form 容器当中
    }catch (Exception ex){
    ex.printStackTrace();
    }
```

# 任务三　显示天气预报

## 一、任务分析

天气预报的文字信息和图片已经分别在任务一和任务二中实现，这里的任务是将天气预报的文字信息和图片统一放在界面上。要完成本次任务，需要思考如下两个问题。

（1）如何通过程序让手机在后台进行网络连接？

（2）如何进行界面数据的刷新？即用户单击查询新的城市名字后，前面旧的查询结果将被清除，界面上显示新的天气预报信息。

## 二、相关知识

现代操作系统是一个多任务的操作系统，即一次可以运行或提交多个作业。多线程技术正是实现多任务的一种方式，其意义在于一个应用程序中，有多个执行部分可以同时执行，从而可以获得更高的处理效率。每个程序至少有一个进程，一个进程至少有一个线程。程序、进程、线程 3 个概念既有联系又有区别（见图 4-3），下面对这 3 个概念进行解释。

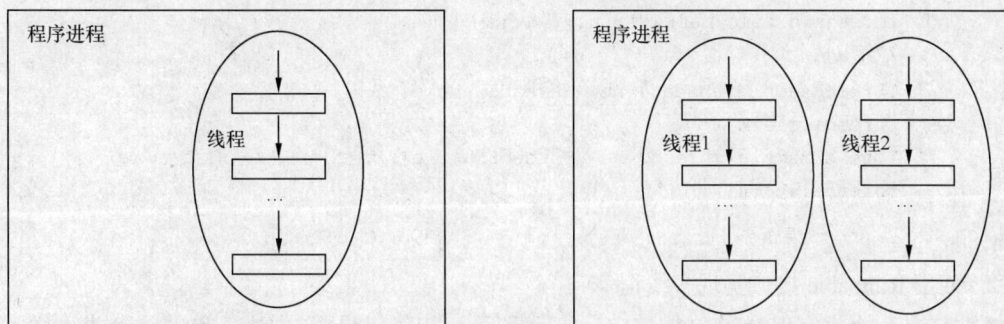

图 4-3　进程和线程的联系与区别

（1）程序是一组指令的有序集合，它本身没有任何运行的含义，只是一个静态的实体。

（2）进程是一个在内存中运行的应用程序，反映了一个程序在一定的数据集上运行的全部动态过程，即一个程序如果没有被执行，就不会产生进程。每个进程都有自己独立的一块内存空间，具有自己的生命周期。即进程通过创建而产生，通过系统调度而运行，当等待资源或事件时被处于等待状态，在完成任务后被撤销。

（3）线程是进程的一个实体，是 CPU 调度和分派的基本单位。一个进程中可以启动多个线程。线程不能够独立运行，总是属于某个进程，进程中的多个线程共享进程的内存。一个线程可以创建和撤销另一个线程；同一个进程中的多个线程之间可以并发执行。使用线程的优点在于线程创建、销毁和切换的负荷远小于进程。

和 Java 一样，Java ME 可以使用两种方式来实现多线程操作，这两种方式依次是（1）提供 Thread 类或者 Runnable 接口编写代码来定义、实例化和启动新线程，（2）使用 java.util 包中的 Timer 和 TimerTask 类。

1. 使用 Thread 类实现多线程

首先定义一个线程类继承 Thread 类，然后重写 public void run()方法。其中，run 方法称为线程体，包含了线程执行的代码。当 run 方法执行完后，线程将结束。要运行线程，用线程类去定义一个对象，再调用对象的 start 方法即可运行线程。下面给出利用 Thread 类实现线程的例子。

```
import java.util.Random;
public class ThreadExample extends Thread {
    Random rm;
    //创建以 tName 为名字的线程
    public ThreadExample(String tName) {
        super(tName);
        rm=new Random();
    }
    public void run() {
        for (int i = 1; i <=10; i++) {
            System.out.println(i + " " + getName());
            try { //随机休眠一段时间，以打乱线程的执行顺序
                sleep(rm.nextInt(1000));
            } catch (InterruptedException e) {
```

```
                    e.printStackTrace();
            }
        }
        System.out.println(getName()+"完成！");
    }
    public static void main(String[] args) {
        //定义两个线程
        ThreadExample thread1=new ThreadExample("线程一");
        thread1.start();
        ThreadExample thread2=new ThreadExample("线程二");
        thread2.start();
    }
}
```

**2．使用 Runnable 接口实现多线程**

首先定义一个类实现 Runnable 接口，然后重写 public void run()方法。和 Thread 类一样，run 方法为线程体，包含了线程执行的代码。要运行线程，是先将该类实例化后作为 Thread 对象的参数，生成线程对象，然后再使用 start 方法开始线程。下面给出利用 Runnable 接口实现线程的例子。

```
import java.util.Random;

public class RunnableExample implements Runnable{
    Random rm;
    String name;
    //创建具以 tName 为名字的线程
    public RunnableExample(String tName) {
        this.name=tName;
        rm=new Random();
    }

    public void run() {
        for (int i = 1; i <=10; i++) {
            System.out.println(i + " " + name);
            try {//随机休眠一段时间，以打乱线程的执行顺序
                Thread.sleep(rm.nextInt(1000));
            } catch (InterruptedException e) {
                e.printStackTrace();
            }
        }
        System.out.println(name+"完成！");
    }
    public static void main(String[] args) {
    //创建线程对象的方法是将 RunnableExample 实例化后作为参数传到 Thread 类中
        Thread thread1=new Thread(new RunnableExample("线程一"));
        thread1.start();
        Thread thread2=new Thread(new RunnableExample("线程二"));
        thread2.start();
    }
}
```

**3．使用 Timer 和 TimerTask 类实现多线程**

Timer 类负责创建、管理和执行线程。Timer 类的主要方法是 schedule，共有 4 个参数不相同的重载方法，可以在方法当中指定线程运行的任务、任务执行的开始时间、任务执行的间隔时间

等。也可以通过调用 cancel 方法，停止一个 Timer 并终止后台线程。

　　TimerTask 子类表示一个任务，在 TimerTask 子类中需实现 run 方法。要使用 Timer 线程，首先要定义一个 TimerTask 的子类，然后在主程序中定义一个 Timer 对象和 TimerTask 对象，把 TimerTask 对象作为 Timer 对象的 schedule()方法的参数进行任务的调度。下面给出利用 Timer 和 TimerTask 类实现多线程代码的示例。

```java
import java.util.Random;
import java.util.Timer;
import java.util.TimerTask;

public class TimerExample {
        public static void main(String[] args) {
                Timer  timer1 = new Timer();
                Timer  timer2 = new Timer();
                MyThread  thread1= new MyThread("线程一");
                MyThread  thread2= new MyThread("线程二");
                timer1.schedule( thread1,0 );
                timer2.schedule( thread2,0 );
        }
}
class MyThread extends TimerTask {
    Random rm;
    String name;
        public MyThread(String tName){
                this.name=tName;
                rm=new Random();
        }
        public void run(){
            for (int i = 1; i <=10; i++) {
                    System.out.println(i + " " + name);
                    try { //随机休眠一段时间，以打乱线程的执行顺序
                        Thread.sleep(rm.nextInt(1000));
                    } catch (InterruptedException e) {
                            e.printStackTrace();
                    }
            }
        System.out.println(name+"完成！" );
    }
}
```

## 三、任务实施

在界面上显示天气预报文字和图片信息的关键实现方法。

　　（1）通过记录 Form 容器中的组件的索引号，利用 Form 中的 delete 方法清除存储旧的查询结果的组件。下面给出主要的实现方法：

　　① 使用一个变量来记录 Form 容器所添加的 Item 子对象 weatherInfo 的索引号 weatherIndex：

`weatherIndex=form.append(weatherInfo);`

　　② 删除索引号为 weatherIndex 的 Item 子对象，使用：form. delete（weatherIndex)。

　　（2）采用多线程技术处理和显示天气预报信息：由于连接网络获取天气预报信息受网络的影响，而且分析和显示天气预报信息也需要花费一定的时间，所以把这些操作放入线程中执行，以

使得程序整体上运行得更为流畅。下面给出主要的实现方法。

① 定义一个实现 Runnable 接口的类。

② 在 run 方法中，调用任务一和任务二的实现函数。

③ 在执行查询操作的 commandAction 函数中，开始线程：

```
Thread th=new Thread(this);
th.start();
```

# 完整项目实施

天气预报程序的界面效果见图 4-4 和图 4-5。

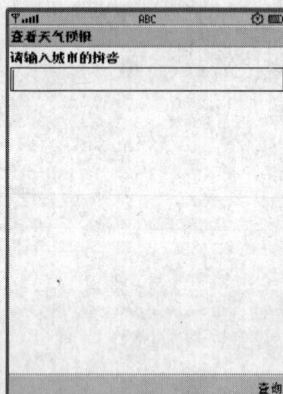

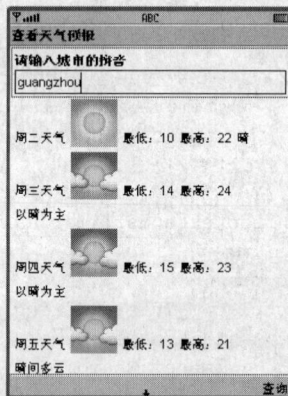

图 4-4　程序主界面　　　　　　图 4-5　程序查询结果

天气预报程序由一个 WebWeather 类实现，其完整代码如下。

```
import java.io.DataInputStream;
import java.io.InputStreamReader;
import javax.microedition.io.Connector;
import javax.microedition.io.HttpConnection;
import javax.microedition.lcdui.Command;
import javax.microedition.lcdui.CommandListener;
import javax.microedition.lcdui.Display;
import javax.microedition.lcdui.Displayable;
import javax.microedition.lcdui.Form;
import javax.microedition.lcdui.Image;
import javax.microedition.lcdui.Item;
import javax.microedition.lcdui.TextField;
import javax.microedition.midlet.MIDlet;
import javax.microedition.midlet.MIDletStateChangeException;
import org.kxml2.io.KXmlParser;

public class WebWeather extends MIDlet implements CommandListener,Runnable
{
    Display dis;
    Command CMD_SEARCH,CMD_CANCEL;
    Form form;
    TextField key;
    HttpConnection httpConn = null;
    DataInputStream din = null;
```

```
String day[]=new String[4];
String low[]=new String[4];
String high[]=new String[4];
String icon[]=new String[4];
String summary[]=new String[4];
int weatherIndex[]=new int[20];
String city="";
boolean bPress=false;
boolean bHasData=false;
public WebWeather() {
    dis=Display.getDisplay(this);
    form=new Form("查看天气预报");
    key=new TextField("请输入城市的拼音","",50,TextField.ANY);
    form.append(key);
    CMD_SEARCH=new Command("查询",Command.OK,1);
    form.addCommand(CMD_SEARCH);
    form.setCommandListener(this);
    dis.setCurrent(form);
}

public void parseData(){
    int i=0;
    String sValue;
    //city变量表示城市名字的拼音
    String weatherUrl="http://www.google.com/ig/api?hl=zh-cn&weather="+city;
    //表示天气情况图标的基础网址
    String weatherIcon="http://www.google.com";
    //定义XML语法分析对象
    KXmlParser parser = new KXmlParser();
    try
    {
    //建立天气预报查询连接
    httpConn =(HttpConnection)Connector.open(weatherUrl);
    //采用GET请求方法
    httpConn.setRequestMethod(HttpConnection.GET);
    //打开数据输入流
    din=httpConn.openDataInputStream();
    //将DataInputStream类型数据转换为InputStream类型
    parser.setInput(new InputStreamReader(din));
    //跳过第一行
    parser.next();
    //检测当前位置是否是位于xml_api_reply开始标记
    parser.require(KXmlParser.START_TAG,null,"xml_api_reply");
    parser.nextTag();//weather标签
    parser.nextTag();//forecast_information标签
    parser.skipSubTree();//跳出forecast_information标签里面的元素
    parser.nextTag();//current_conditions标签
    parser.skipSubTree();//跳出current_conditions标签
    parser.nextTag();//forecast_conditions标签
    //采用循环来读取4天的天气预报信息
```

```
        while(i<4){
            //循环读取每天的天气预报信息
            while(parser.nextTag()!=KXmlParser.END_TAG )
            {
            //获取天气预报信息
            sValue=new String(parser.getAttributeValue(0).getBytes(),"gb2312");
            if(parser.getName().equals("day_of_week")){
                day[i]=sValue+"天气";  //天气预报日期
            }
            if(parser.getName().equals("low")){
                low[i]="最低: "+sValue;//最低温度
            }
            if(parser.getName().equals("high")){
                high[i]="最高: "+sValue;//最高温度
            }
            if(parser.getName().equals("icon")){
                icon[i]=weatherIcon+sValue;//天气情况图标网址
            }
            if(parser.getName().equals("condition")){
                summary[i]=sValue;//天气情况概述
            }
            parser.nextTag();
        }
        parser.nextTag();
        i++;
    }


}catch (Exception ex){
    ex.printStackTrace();
}finally{
        //释放连接
        try{
            din.close();
            httpConn.close();

        }catch(Exception ex){
            ex.printStackTrace();
        }
    }


}
public void showData(){
    int index=0;
    int i;
    if(bHasData){
        for(i=0;i<20;i++){
            form.delete(weatherIndex[index]);
        }
    }
for(i=0;i<4;i++){
    System.out.println("day="+day[i]);
    weatherIndex[index]=form.append(day[i]);
    try
```

```
        {
          httpConn =
            (HttpConnection)Connector.open(icon[i]);
              httpConn.setRequestMethod(HttpConnection.GET);
              din =httpConn.openDataInputStream();
              //从字节流中解码创建一个不可变图像
              Image im=Image.createImage(din);
              weatherIndex[index+1]=form.append(im);
        }catch (Exception ex){
              ex.printStackTrace();
        }finally{
              try{
                      din.close();
                      httpConn.close();

                  }catch(Exception ex){
                      ex.printStackTrace();
                  }
        }

        weatherIndex[index+2]=form.append(low[i]);
        weatherIndex[index+3]=form.append(high[i]);
        weatherIndex[index+4]=form.append(summary[i]+"\n");
        index=index+5;
        //form.append("\n");
    }
    bHasData=true;
}
    protected void destroyApp(boolean unconditional)
        throws MIDletStateChangeException {
    // TODO Auto-generated method stub

    }

    protected void pauseApp() {
        // TODO Auto-generated method stub

    }

    protected void startApp() throws MIDletStateChangeException {
        // TODO Auto-generated method stub

    }

    public void commandAction(Command c, Displayable d) {
        if(c == CMD_SEARCH){
            if(!bPress){
                Thread th=new Thread(this);
                th.start();
            }
        }
    }

    public void run() {
        city=key.getString();
```

117

```
        if(city.trim().length()>=1){
            bPress=true;
            System.out.println("正在查询天气信息...");
            //test();
            parseData();
            showData();
            bPress=false;
        }
    }
}
```

# 实训项目

## 实训项目 1    显示手机上的图片

1. 实训目的与要求

了解 Java ME 的文件操作系统，会使用 Connector 类读取本机文件。

2. 实训内容

功能要求：程序运行后打开图片文件列表，即自动列出本机上的图片文件，用户单击打开按钮，在界面上显示出所选择的图片。具体可细分如下：

（1）列出本机上的图片文件（格式为 jpg,gif,png 等）；

（2）在界面上显示所选择的图片。

3. 思考

如何用 URL 表示本机上的文件？

## 实训项目 2    手机聊天室

1. 实训目的与要求

掌握在手机上运用 Socket 进行通信。

2. 实训内容

功能要求：多个手机客户端能够在聊天室上进行聊天。具体可细分如下：

（1）创建一个服务器程序，接受手机客户端的连接和信息发送；

（2）创建一个客户端程序，向服务器发送消息和从服务器接收信息。

3. 思考

（1）服务器端如何监听客户端的连接？

（2）怎样以流的方式实现客户端和服务器端的通信？

（3）线程在手机聊天室程序中的作用。

## 开发飞机射击游戏

# 背景知识

## 一、手机游戏的分类

近几年随着手机的普及，特别是 3G 网络的完善和智能手机性能的提高，手机游戏逐渐受到了业界的重视，成为移动增值业务的重点发展方向。早期的游戏主要是由手机厂商作为手机附属品提供，如"俄罗斯方块"、"贪吃蛇"，这些游戏的画面较为简陋，规则也很简单。随着手机硬件的提升以及众多开发人员的加入，目前的手机游戏在界面和可玩性上取得了很大的发展，具有较好的娱乐性和交互性。

由于在营利模式上尚不明确，专门从事手机游戏开发的厂商在 IT 软件公司中所占的比例较低，国外著名的手机游戏开发商有 Gameloft（http://www.gameloft.com/）、Glu（http://www.glu.com/）、Digital Chocolate（http://www.digitalchocolate.com/）等，国内著名的手机游戏开发商有掌上明珠（http://www.pearlinpalm.com/）、空中网（http://www.kongzhong.com）、唐图科技（http://http://www.playing.com.cn/）、魔龙国际（http://www.moloon.com/）等。与此同时，由于苹果、中国移动等手机应用商店的推广，越来越多的个人开发者加入到手机游戏开发队伍当中。作为学习者，我们也可以从手机应用商店或者其他的专业手机游戏网站（例如，当乐网 http://www.d.cn/）下载感兴趣的游戏软件，从中学习他人的游戏设计理念、界面设计和游戏实现。

虽然手机游戏发展的时间并不长，短短几年，各种类型的手机游戏在市场上已应运而生。手机游戏主要分为单机游戏（即离线，容易玩，但游戏生命周期较短）、WAP 网页游戏、手机网络游戏。按内容分类，可分为文字游戏、动作冒险类、格斗类、射击类、体育竞技类、益智类、棋牌类、角色扮演类、策略类。从发展趋势看，手机游戏已经从之前简单的内置型发展为联网型游戏，未来还会逐步向跨平台发展。相比网络游戏，手机游戏的开发成本相对较低。构思一个新的游戏时应预先设想其所属的类型，下面对常见的手机游戏做介绍。

（1）益智类游戏：以趣味性思考的形式完成游戏，在玩游戏的过程中锻炼脑、眼、手，获得逻辑力和敏捷力上的提高。益智类游戏缺少故事剧情，界面较为固定，游戏完成的时间在于玩家的能力，对于手机设备性能的要求不高。内容表现的方式有很多种，例如棋盘类、扫雷类、魔方类、数独类、俄罗斯方块类、拼图类、迷宫类等。这类游戏的生命周期较长，开发成本较低。图 5-1 所示为俄罗斯方块游戏示例，图 5-2 所示为扫雷游戏游戏示例，图 5-3 所示为五子棋游戏示例。

图 5-1　俄罗斯方块　　　　　　图 5-2　扫雷游戏　　　　　　图 5-3　五子棋

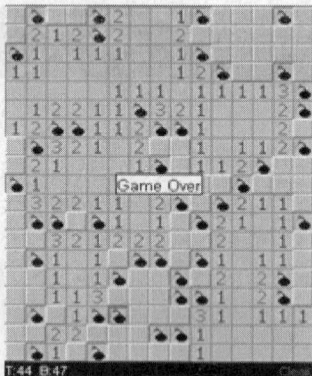

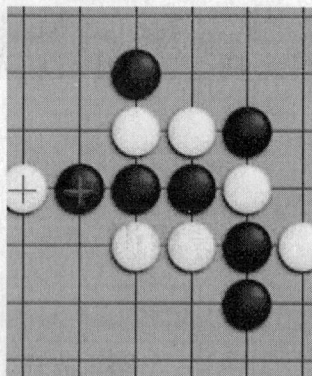

（2）赛车类游戏：通过与对手竞速的形式完成游戏，在玩游戏的过程中强调赛车的速度与节奏，玩家容易从中获得感官上的刺激。赛车类游戏要求玩家能够方便地控制赛车，例如倾斜、加减速、转弯等。赛事的开展模式可以是时间赛、对决模式、淘汰赛、警察追击等，车型的种类可以是赛车、摩托车、装甲车等，赛车的跑道也可以是各式各样。随着重力感应器和 3D 技术在手机上的应用，该类游戏在较为高端的手机上开始有了应用（见图 5-4 和图 5-5）。

图 5-4　asphalt 都市赛车　　　　　　图 5-5　疯狂卡丁车 Krazy Kart Racing

（3）角色扮演（RPG）游戏：由玩家扮演游戏中的一个或数个角色，通过故事剧情牵引来使坑家能融入主角所存在的一个世界。这类型态的游戏多半透过战斗丌级系统及人物对话的方式来一步步完成设计者所布下的剧情路线。角色扮演游戏强调剧情发展和个人体验，剧情的设计与特定的文化背景和战斗方式有关，如武侠风格、科幻风格等（见图 5-6）。

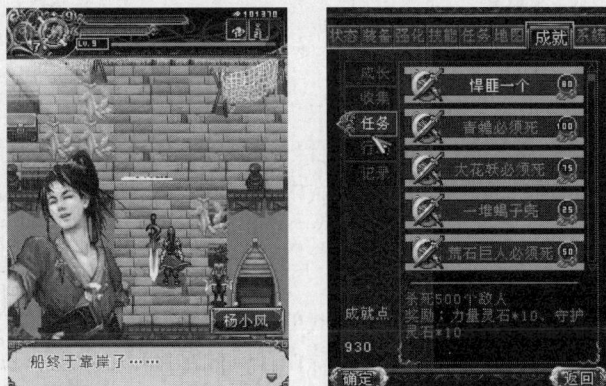

图 5-6　单机游戏：剑灵外传-仙侣情缘

（4）动作游戏（ACT）：强调通过对打、攻击、跳跃等动作实现游戏过关，玩家熟悉控制动作的操作技巧就可以进行游戏。动作游戏的剧情一般比较简单，但具有刺激性，声光效果丰富，游戏画面突出动作的效果。游戏的形式可以有多种，如格斗型、射击型等（见图 5-7、图 5-8 和图 5-9）。如果动作游戏和角色扮演游戏结合，则称为动作角色扮演游戏。

图 5-7　超级忍者龟　　　　图 5-8　恶魔猎手　　　　图 5-9　阿凡达

（5）体育运动游戏：在游戏中强调体育运动的竞技。虚拟按键能够较好满足该类游戏的多种运动动作的要求。游戏的体育素材很多，基本上可以模仿现实中大部分主流的体育运动项目，例如：篮球、足球、橄榄球、斯诺克、滑雪、滑板、赛艇、网球、自行车等。随着手机重力感应技术和 3D 技术的发展，体育运动游戏也越来越逼真（见图 5-10 和图 5-11）。

图 5-10　实况足球 2009 高清版　　　　图 5-11　3D 超真台球

121

## 二、手机游戏项目开发流程

一款商用的手机游戏，通常是由一组分工合理的团队合作完成。作为计算机程序开发的一个新兴分支，手机游戏软件开发同样可以运用软件工程的知识进行实施，图 5-12 所示为手机游戏开发的常见流程。

下面对主要流程做说明。

（1）游戏创意：通过头脑风暴，得出新游戏的创意草案。

（2）市场调研：调查新游戏在市场上的目标用户、同类游戏的情况、新游戏的亮点。

（3）项目立项：确定项目目标，确定技术、人员、时间、资金等方面的计划安排，以及制定项目风险的对策。

（4）游戏策划：① 需求分析：讨论游戏涉及的时代背景、剧情、规则、关卡、人物、道具、游戏呈现模式；② 技术选型：讨论游戏的架构、实现技术、针对的手机平台、采用的关键技术、技术难点等；③ 概要设计：游戏的功能模块划分、游戏流程图等；④ 详细设计：功能模块的实现、数据结构的设计、游戏算法等。

（5）美术制作：根据游戏策划，了解清楚手机允许的色彩数、分辨率、整屏刷新率后制作游戏所需的图像，如材质贴图、人物动作、场景、UI 界面，图标、动画、特效等。

（6）程序开发：根据游戏策划，编写游戏的各个主要功能模块，例如主控制程序、客户端界面、服务器端程序、AI 程序等。

（7）音效制作：当程序和美术工作完成得差不多时，需要为游戏提供音效，以更好地烘托游戏情节的发展。

（8）游戏测试：对游戏进行白盒、黑盒、压力测试，将发现的问题反馈到相应的人员进行修改，例如策划人员、程序员等。

（9）游戏上市：游戏上市的宣传、运营、维护和升级。

在游戏开发过程中，需要多种岗位的人员参与其中，要求各成员相互配合，积极地进行沟通，发挥团队精神。表 5-1 所示为主要人员的角色说明。

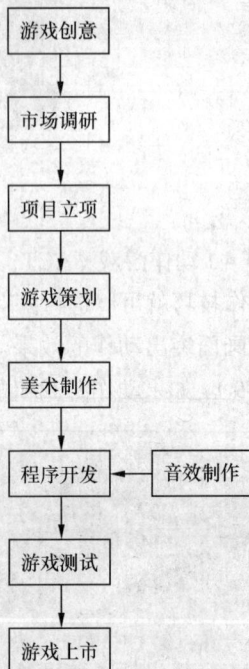

图 5-12  手机游戏开发的常见流程

表 5-1　　　　　　　　　　手机游戏开发人员角色表

| 岗　位 | 岗　位　工　作 |
| --- | --- |
| 项目经理 | 负责游戏项目的管理和协调 |
| 策划师 | 担任游戏的策划工作，构想游戏创意，设定游戏背景、关卡剧本、人物、道具等，侧重于游戏的可实现性和可玩性。能够将自己的创意很好地传达给美工和程序员等相关工作人员 |
| 系统分析师 | 从技术实现的角度分析游戏策划师的要求 |
| 程序员 | 按照策划人员的要求，编写代码实现游戏。复杂的游戏分前台和后台程序员 |
| 测试人员 | 主要任务是在游戏发行前，找出游戏的错误和漏洞并及时反馈给相关的技术人员 |

| 岗　位 | 岗　位　工　作 |
|---|---|
| 美工 | （1）原画工作人员：根据策划的要求，先用铅笔描绘图画<br>（2）2D、3D 美工：从事场景、角色、动作、特效、界面的制作 |
| 音乐制作人员 | 为游戏提供音乐制作 |
| 市场人员 | 主要是从事游戏的市场宣传和运营，接收用户反馈和统计相关数据 |

## 三、手机游戏引擎

目前的游戏市场竞争非常激烈，新的游戏产品推陈出新。作为一款软件，游戏产品同样具有生命周期。不同类型游戏的生命周期不一样，例如网络游戏的生命周期一般可以达到 2～3 年；而手机游戏则较短，一般只有几个月。与此同时，随着玩家要求的不断提高，游戏采用的技术越来越复杂，这给游戏产业界带来了很大挑战。

一款游戏的开发通常需要耗费大量的人力、物力和时间。如果每款游戏都从头开始，将会造成许多不必要的重复劳动，影响游戏开发的效率。

游戏引擎是一个处理游戏底层技术的平台，提供了游戏开发的主要技术框架，具有游戏开发常用的场景管理、渲染、动画、物理、声音、特效等功能，使开发者能够将主要精力放在游戏的可玩性和内容上。一款优秀的游戏引擎能够有效地提高游戏的开发效率和健壮性，加快产品的上市时间。

开发一款游戏引擎，技术难度、开发费用和时间都要求很高。从上世纪九十年代初开始，欧美等发达国家就开始大力发展游戏引擎，目前在研发水平上居世界领先地位，著名的游戏引擎例如 Quake III、Unreal Tournament、LithTech、Source、BigWorld、CryENGINE2 等均出自欧美的游戏公司。国内只有完美时空、目标软件、涂鸦软件等少数几家公司具有游戏引擎的研发能力，而且是以自用为主。

图 5-13 所示为 Epic Games 公司采用 Unreal3 引擎制作的著名游戏战争机器。

图 5-13　战争机器

游戏引擎已经发展成为一套由多个子系统共同构成的复杂平台。当前主流的 3D 游戏引擎在功能和性能上尽管各有千秋，但它们的框架和主要模块分类大同小异。图 5-14 所示为按层次对游戏引擎的主要组成做出的归纳。

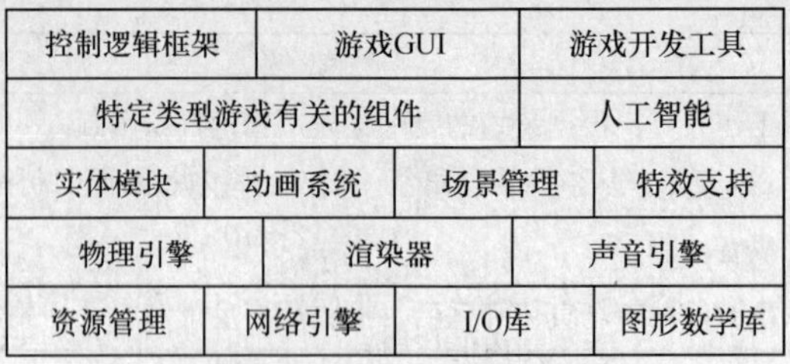

| 控制逻辑框架 | 游戏GUI | | 游戏开发工具 |
|---|---|---|---|
| 特定类型游戏有关的组件 | | | 人工智能 |
| 实体模块 | 动画系统 | 场景管理 | 特效支持 |
| 物理引擎 | 渲染器 | | 声音引擎 |
| 资源管理 | 网络引擎 | I/O库 | 图形数学库 |

图 5-14　游戏引擎的层次结构

游戏引擎的最底层由资源管理、网络引擎、I/O 库和图形数学库 4 部分组成，主要用于处理与平台相关的组件。其中，资源管理是管理游戏资源，提供内存的分配和释放，在内存有限的情况下能够正确地调度资源；图形数学库是提供有关 3D 的数据结构如向量、矩阵、四元数、直线、平面等，以及相应的操作如矩阵的转置、求逆等；网络引擎分局域网和互联网交互两种，解决数据通信、用户并发、系统计费和道具管理等方面的问题；I/O 库提供键盘、鼠标、摇杆和其他外设输入设备的支持。

游戏引擎的第二层由物理引擎、渲染器和声音引擎 3 部分组成。其中，物理引擎一方面提供游戏世界中的物体之间、物体和场景之间的碰撞检测和力学模拟，另一方面提供物体的运动模拟；渲染器提供具有真实感的图像，包括图形、纹理、模型和动画的渲染、光照和材质处理、LOD 管理等，是游戏引擎的核心之一；声音引擎提供音效、语音和背景音乐的播放。

游戏引擎的第三层由实体模块、动画系统、场景管理和特效支持 4 部分组成。其中，实体模块将游戏世界中的物体抽象为通用的数据结构，提供相关的操作；动画系统提供渐变动画、蒙皮骨骼动画效果；场景管理组织游戏物体在室外（室内）的位置和相关的特性；特效支持提供粒子系统和自然模拟（如水纹、雨、烟等），使游戏画面更为漂亮。

游戏引擎的第四层由特定类型游戏有关的组件和人工智能两部分组成，主要用于逻辑控制。其中特定类型游戏有关的组件针对特定应用提供专门的处理方法，如 FPS、SLG、RPG 游戏组件；人工智能提供游戏运行的逻辑处理，运用智能技术提高游戏的可玩性。

游戏引擎的第五层由控制逻辑框架、游戏 GUI 和游戏开发工具三部分组成，主要用于游戏的辅助开发。其中控制逻辑框架是针对不同类型的游戏，提供相应的框架将游戏引擎的各个子模块整合起来，降低利用游戏引擎进行开发的复杂性。游戏 GUI 是提供用户可视化操作界面辅助设计；游戏开发工具包含关卡编辑、场景编辑、粒子编辑、材质编辑、DCC 软件插件等辅助开发工具。

手机游戏的开发周期较短，更需要游戏引擎的支持。随着手机设备硬件性能的快速发展，这种由于硬件性能所带来的技术差异也将缩小，手机游戏引擎将会用到越来越多的高级技术。在 2010 年推出的 Windows Phone 7 中，微软不但加入 3D 渲染引擎，还植入了物理引擎，大大降低了开发 3D 游戏的难度。

手机游戏引擎的架构与 PC 上的游戏引擎类似，但在具体实现上会针对移动设备自身的特点进行优化改进，降低游戏引擎的处理复杂度，同时还增加一些手机自身设备特殊的处理功能。

（1）专门的移动通信模块：支持手机短信 SMS、彩信 MMS、邮件的发送，能通过 WiFi 无线局域网、2G 或 3G 移动通信网进行网络连接。

（2）专门的暂停、恢复处理模块：实现游戏随时的暂停和恢复，例如，在玩手机游戏时，若有电话或其他异步事件发生，将能自动暂停游戏并可恢复。

（3）物理引擎：增加传感器处理功能。

# 任务一　开发登录界面

## 一、任务分析

本任务需要实现的效果示意图如图 5-15 所示。

登录界面的开发，通常是在界面上显示游戏菜单选项，用户可根据菜单项选择需要的操作。要求能够随着手机按键的上下移动，屏幕上的菜单项也相应进行移动。游戏的菜单项是和游戏的功能紧密相关的，本次任务提供的菜单项有 4 个：开始游戏、音效开关、游戏帮助、退出游戏。要完成本次任务，需要思考如下两个问题。

图 5-15　游戏主菜单

（1）如何将图片按钮绘制在屏幕界面上，并进行居中布局？

（2）如何捕捉图片按钮的事件？

## 二、相关知识

### （一）低级用户界面开发

手机游戏的开发往往在界面和操作方式上有较高的要求，Java ME 提供了低级界面开发的 API，可用于游戏开发。低级界面画布类主要有 Canvas 和 GameCanvas，其中，Canvas 是属于 MIDP 1.0，GameCanvas 则是属于 MIDP 2.0。低级用户界面技术为用户提供了灵活的开发方法，可以进行一些较为底层的操作，例如，按键的处理事件更为丰富，组件位置的设置更为灵活。

### （二）坐标的概念

手机上的屏幕坐标系和我们常规数学的坐标系不相同。在屏幕的左上角是原点（0,0），$y$ 轴正方向是垂直向下，$x$ 轴的正方向是水平向右。对于坐标（$x,y$），若 $x$ 值越大，则越向右，$y$ 值越大，则越向下（见图 5-16）。

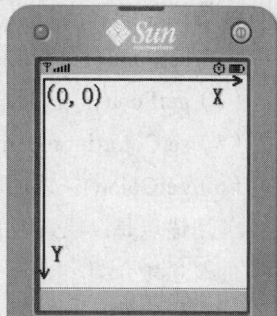

### （三）Canvas 类

Canvas 为抽象类，负责图形图像的绘制和用户交互。进行低级用户界面的开发通常需要继承 Canvas 类。

图 5-16　手机坐标系

主要的类方法如下。

（1）getHeight()：获取 Canvas 绘图区域的高度。

（2）getWidth()：获取 Canvas 绘图区域的宽度。

（3）paint(Graphics g)：渲染画布，向屏幕画图，通常将画图的操作放在该方法中实现。当屏幕需要重新绘制时，Java ME 主线程会自动调用 paint 方法，程序员不能在代码中直接声明调用该方法。

（4）repaint()：主动向系统请求刷新界面，具体的刷新操作实际是通过调用 paint 方法来完成。

（5）isDoubleBuffered()：判断手机设备是否支持双缓冲。有些手机支持双缓冲技术，有些则不支持。

（6）getGameAction(int keyCode)：将手机的键值转换为游戏动作。

（7）getKeyName(keyCode)：得到按键的名字。

（四）Graphics 类

Graphics 提供 2D 渲染能力，作用是在屏幕上绘制图形，类似于一支画笔。Graphics 绘制的图形不能够直接显示，必须通过 Canvas 或 GameCanvas 才能显示在屏幕上，因此 Canvas 和 GameCanvas 类似于可以显示图形的画布。

Graphics 类支持绘制的图形主要包括以下 3 种。

（1）文本：可以设置文本的颜色、字体大小等。

（2）图像：可以直接绘制图像文件或者从缓存中绘制。

（3）2D 几何图形：绘制点、直线、矩形、圆、椭圆、三角形等。

Graphics 类没有构造方法，获取对象的途径有 3 种。

（1）Canvas 类中的 paint 方法有一个 Graphics 对象参数，系统会自动调用 paint 方法，并传进一个 Graphics 对象，因此可以在 paint 方法中使用 Graphics 对象编写绘图代码。

（2）在 GameCanvas 类中通过 getGraphics 方法来获取一个 Graphics 对象，因此可以在需要的地方灵活地编写与绘图有关的代码。

（3）Image 对象的 getGraphics()方法得到 Graphics 对象，可用于编写双缓冲区代码。

Graphic 类的主要方法有以下几种。

（1）drawImage(Image img, int x, int y, int anchor)：在特定位置绘制一幅图像。参数 imag 为绘制的图像，参数（x,y）为锚点的坐标，参数 anchor 为锚点的取值。

（2）drawRegion(Image src, int x_src, int y_src, int width, int height, int transform, int x_dest, int y_dest, int anchor)：将图像的某些部分绘制到特定位置，并可以对绘制的图像进行翻转或者镜像转变。参数 src 为源图像，参数 x_src 和 y_src 表示源图像中需要绘制的区域左上角坐标，参数 width 和 height 分别表示绘制区域的宽度和高度，参数 x_dest 和 y_dest 表示绘制图像的锚点坐标，参数 anchor 为锚点的取值。

（3）setFont(Font font)：设置画笔的字体类型。

（4）getFont()：返回画笔当前使用的字体类型。

（5）setColor(int red, int green, int blue)：设置画笔的颜色，通过红、绿、蓝参数来调整。

（6）getColor()：返回画笔的颜色。

使用锚点是以像素级的方式控制图像的位置。上面有很多方法的参数都用到了锚点，下面对锚点的概念做介绍。

锚点代表的是图像中的某个特殊点，该点的取值由 Graphics 类定义的锚点水平常量和垂直常量组合决定，这些常量值如下。

水平常量：LEFT、HCENTER（水平居中）、RIGHT。

垂直常量：TOP、VCENTER（垂直居中）、BOTTOM。

使用符号"|"将上面的水平常量和垂直常量组合，构成一个锚点的取值，共有 9 种组合的锚

点取值，例如，Graphics.LEFT｜Graphics.TOP。注意不能够对水平常量值或垂直常量值之间单独进行组合，例如，Graphics.LEFT｜Graphics.RIGHT 这种组合是不允许的。一个图像有一定的宽度和长度，那么如何确定它在屏幕上的位置呢？可以通过指定图像的锚点和锚点的坐标值（x,y），从而确定了图像在屏幕上的位置，这种做法类似于用一个钉子将一幅画挂在墙上，其中钉子钉在画上的点，可以理解为画的锚点。

## （五）双缓冲技术

双缓冲是为了避免图型在更新过程中产生闪烁而提出的一种技术，其原理是在绘图过程中，不是每执行一次图形操作就直接绘制到屏幕上，而是首先将所有的绘图操作在内存中实现，然后再一次性刷新到手机屏幕上，这样就避免了因为频繁刷新屏幕所造成的闪烁。图 5-17 和图 5-18 所示为分别表示采用直接绘图和双缓冲方式绘图的区别。

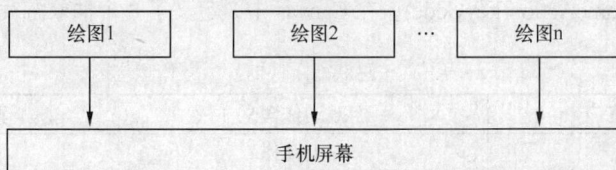

图 5-17　直接绘图

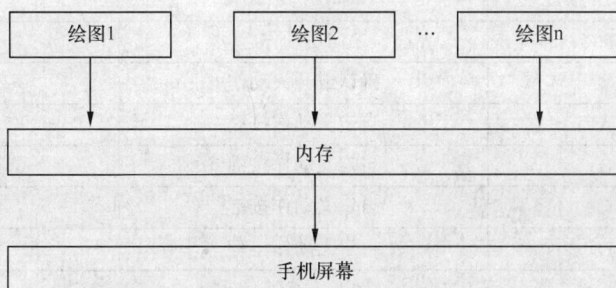

图 5-18　双缓冲方式绘图

对于硬件上不支持双缓冲的手机，可通过 Image 类的可变图像技术来实现双缓冲，例如：

```
public void paint(Graphics g){
    try{
    image = Image.createImage( width, height ); //创建可变图像
    Graphics gmem = image.getGraphics(); //获取可变图像的 Graphics 对象
    ….                                   //利用 Graphics 对象调用绘制方法进行绘图
    g.drawImage(image,0,0,g.TOP|g.LEFT);//将可变图像绘制到手机屏幕上
    }catch(Exception ex){
        ex.printStackTrace();
    }
}
```

注意：可变图像的绘制过程可以不在 paint()函数里面，例如，可以放到一个单独的函数中，在 paint()函数中把可变图像传给 Graphics 对象，这样在一定程度上节省处理的时间。

## （六）键盘事件的处理

Java ME 程序接收用户的输入，主要是通过手机键盘来完成的。手机键盘的布局一般可以划

分为功能键区域和数字键区域，功能键指手机上的左右软键、中间的导航键以及接听电话和挂机键等，数字键区域指手机键盘上的 0～9 数字键以及*号和#号键。其中功能键的个数以及键值，对于不同的手机而言区别很大，而数字键区域的按键个数以及按键的键值都是一样的。

低级界面开发技术处理键盘事件的方法和高级界面的处理方法差别较大。高级界面的开发通常只需使用功能键响应 Command 按钮的点击，而低级界面的开发则需要面对不同手机支持的按键不相同的问题。

当用户按下某个键时，程序就会接收到按键事件。每一个按键都被分配一个键码（keyCode）。如 KEY_NUM0 的键码值为 48，所代表的按键为数字 0；KEY_NUM9 的键码值为 57，所代表的按键为数字为 9；其他的中间数字按键 1～8，键码值从 49～56 顺序分布。

对于游戏来说，我们不可能要求每种手机的按键功能都一样，为了提高游戏程序的可移植性，我们常使用游戏动作来替代键码，使用 getGameAction()方法将键码转换为游戏动作，通常的函数调用形式为：int action = getGameAction(keyCode)。在 Canvas 中，定义了 8 个抽象游戏动作（见表 5-2）。

表 5-2　　　　　　　　　　　　　　游戏动作映射

| action 返回值 | 游戏动作含义 | 真实手机按键 |
| --- | --- | --- |
| Canvas.UP | 向上动作 | 向上导航键 |
| Canvas.DOWN | 向下动作 | 向下导航键 |
| Canvas.LEFT | 向左动作 | 向左导航键 |
| Canvas.RIGHT | 向右动作 | 向右导航键 |
| Canvas.FIRE | 确认或开火动作 | 确定导航键 |
| Canvas.Game_A | 自定义动作按键 | 1 |
| Canvas.Game_B | 自定义动作按键 | 3 |
| Canvas.Game_C | 自定义动作按键 | 7 |
| Canvas.Game_D | 自定义动作按键 | 9 |

Canvas 中按钮事件处理的方法如下。

（1）keyPressed(int keyCode)：按键被按下时触发该方法。参数 keyCode 为按下键的键值。在 MIDP 中定义的按键值分别是：KEY_NUM0，KEY_NUM1，KEY_NUM2，KEY_NUM3，KEY_NUM4，KEY_NUM5，KEY_NUM6，KEY_NUM7，KEY_NUM8，KEY_NUM9，KEY_STAR 和 KEY_POUND。

（2）keyReleased(int keyCode)：按键被释放时触发该方法。参数 keyCode 意思同上。

（3）keyRepeated(int keyCode)：按键被重复按键时触发该方法。参数 keyCode 意思同上。该方法不是 JTWI 规范强制要求，所以不一定所有的手机设备都支持。

下面给出一个例子来显示 Canvas 类按键的使用方法。

```
package Chapter5;

import javax.microedition.lcdui.Canvas;
import javax.microedition.lcdui.Graphics;

public class CanvasExample extends Canvas{
    private int keys[]=
    {KEY_NUM0,KEY_NUM1,KEY_NUM2,KEY_NUM3,KEY_NUM4,KEY_NUM5,KEY_NUM6,KEY_NUM7,KEY_
NUM8,KEY_NUM9};
```

```
//Canvas 的子类，必须要实现 paint 方法，在本例中尽管没有 paint 操作，但也要在类中进行声明
protected void paint(Graphics g) {

}
protected void keyPressed(int keyCode) {
    super.keyPressed(keyCode);
    for(int i=0;i<keys.length;i++){
        if(keyCode==keys[i]){
            System.out.println("按下"+i+"键");
            break;
        }
    }
}

protected void keyReleased(int keyCode) {
    int action;
    super.keyReleased(keyCode);
    action=getGameAction(keyCode);
    switch(action){
    case UP:
        System.out.println("按下动作 UP 键");
        break;
    case DOWN:
        System.out.println("按下动作 DOWN 键");
        break;
    case LEFT:
        System.out.println("按下动作 LEFT 键");
        break;
    case RIGHT:
        System.out.println("按下动作 RIGHT 键");
        break;
    case FIRE:
        System.out.println("按下动作 FIRE 键");
        break;
    case GAME_A:
        System.out.println("按下动作 GAME_A 键");
        break;
    case GAME_B:
        System.out.println("按下动作 GAME_B 键");
        break;
    case GAME_C:
        System.out.println("按下动作 GAME_C 键");
        break;
    case GAME_D:
        System.out.println("按下动作 GAME_D 键");
        break;
    default:
        System.out.println("按下非游戏键");

    }
}
}
```

## 三、任务实施

（1）为了方便调用，将常用的方法放到一个公共函数的类 CommonFunction，下面是其中的一个实现生成图片的方法。

```
import java.io.IOException;
import javax.microedition.lcdui.Image;
public class CommonFunction {
    public static Image createImage(String ImageName) {
        try {
            return Image.createImage(ImageName);
        } catch (IOException ex) {
            ex.printStackTrace();
        }
        return null;
    }
}
```

（2）创建一个菜单类，继承于 Canvas，需要导入 Canvas 包和 Graphics，并且实现 paint 方法。

```
import javax.microedition.lcdui.Canvas;
import javax.microedition.lcdui.Graphics;
public class GameMenu extends Canvas{
    protected void paint(Graphics g) {
    ...//对当前菜单项画出选中状态的图片，其他的菜单项则画出未选中状态的图片
    }
}
```

（3）定义成员变量。

```
Image menuImage;                        //菜单按钮图形文件
int menuIndex;                          //当前菜单项索引
int menuNum=4;                          //菜单项数
int menuWidth=150;                      //每个菜单子项的宽度
int menuHeight=30;                      //每个菜单子项的高度
int menuX,menuY;                        //菜单项坐标
int screenWidth,screenHeight;           //屏幕
boolean bOpenSound;                     //是否打开音效
byte anchor=Graphics.LEFT|Graphics.TOP; //瞄点
```

（4）在构造方法中，对成员变量进行初始化，创建菜单。

```
public GameMenu(){
        screenWidth=this.getWidth();
        screenHeight=this.getHeight();
        menuIndex=1;
        //菜单坐标放在屏幕的中间
        menuX=(screenWidth - menuWidth) / 2;
        menuY=(screenHeight - menuNum * menuHeight) / 2;
        bOpenSound=true;
        menuImage=CommonFunction.createImage("/menu.png");
    }
```

（5）创建按钮按下事件，更新按键移动的状态，主要是处理向下、向上和确定 3 种按键。

```
protected void keyPressed(int keyCode) {
    super.keyPressed(keyCode);
```

```
    int keyState=this.getGameAction(keyCode);
    switch(keyState){
        case Canvas.DOWN:        //按下向下键
            ...更新菜单索引
        case Canvas.UP:          //按下向上键
            ...更新菜单索引
        Canvas.FIRE:             //按下 Fire 键
            ...根据菜单选项索引执行相应的操作
    }
}
```

# 任务二　设计地图

## 一、任务分析

对于飞机射击游戏，飞机在飞行过程中经过不同的地理环境，例如，将大海、小岛、石礁等作为地图的背景。地图的宽度通常要求能够自动匹配不同类型的手机宽度，高度则是以一个关卡所需的时间为依据进行设计。在这里我们采取简化操作，给地图的宽度和高度设定一个具体的值。要完成本次任务，需要思考的一个关键问题是使用什么方式能够更直观地开发游戏中的地图。

图 5-19 所示是程序使用的源图片，图 5-20 所示是程序运行得到的地图画面。

图 5-19　源图片

图 5-20　程序运行效果

## 二、相关知识

### （一）地图设计知识

游戏为玩家提供的是一个虚拟的故事情节，大部分类型的游戏都会用到地图，如 RPG、ACT等类型的游戏。地图在游戏中表示游戏故事的环境、场景，地图设计的好坏直接影响到游戏的可玩性，因此地图是游戏的一个重要组成部分。

在游戏进行时，需要将游戏的相关资源读入内存，并按照一定规则显示。地图应先读入内存中，但地图是由图像构成，通常会占用较多的内存。游戏中的地图设计需要根据游戏类型而定。由于手机自身的硬件配置比 PC 机要低，设计 Java ME 游戏的地图需要进行特别的优化设计，以便在界面的美观和游戏的性能上取得较佳的平衡。

地图制作在游戏中起到非常大的作用，Java ME 游戏的 2D 地图一般有两种做法。

（1）直接用整幅图片作为背景（见图 5-21），再在上面重叠一层加入物件、摆设等，优点在于图形相对丰富、漂亮，但消耗资源较多，受手机硬件条件的影响不能做太大的图。

（2）游戏地图是用一个个图块重复拼接成，而在程序中就可以通过一个较小的图像文件（见图 5-22）和一个二维数组，绘制出一幅较大的地图。具体的做法是将图像文件划分为若干个相同大小的图块（一般每个图块是 16 像素 × 16 像素或者 32 像素 × 32 像素），每个图块给一个索引值，例如，1 表示草地图块，2 表示砖头图块。而二维数据中记录的数字就是图像文件中的图块索引值，例如，某个数组元素的数值若为 1，则表示在此处画草地。这种方法的优点在于比较节省系统资源，但做出来的地图相对比较平淡。

图 5-21　整幅图片示例　　　　图 5-22　小图像文件示例

## （二）Mappy 软件

地图编辑器能够帮助将地图最后转变成程序直接使用，所以一个好的地图编辑器能够加速游戏的开发周期。业界已经推出多款地图编辑器，如 Mappy(MapWin)、Tiled、TILE STUDIO 等，其中 Mappy 功能比较强大，可以很方便地对 2D 地图进行编辑，本书以 Mappy 为例进行讲解。

下载 Mayppy 软件的网址为：http://www.tilemap.co.uk/mappy.php。

如果需要支持 PNG 图片，那么还要下载两个 dll 文件，这两个文件也都放在 Mappy 软件的网址上。

（1）zlib.dll 用于文件压缩。

（2）libpng12.dll 是 PNG 图像压缩库。

将这两个文件下载复制到 Mappy 可执行文件的同一个目录下即可，否则在导入 PNG 文件时，会报图 5-23 所示的错误。

制作游戏还需要用到图像素材，因此除了 Mappy 软件之外，还需要用到图像处理软件 Photoshop 来制作游戏素材。这部分的工作主要是交由游戏美工来完成，一款好的游戏软件是在策划人员、程序员和美工的团队合作下才得以完成的。

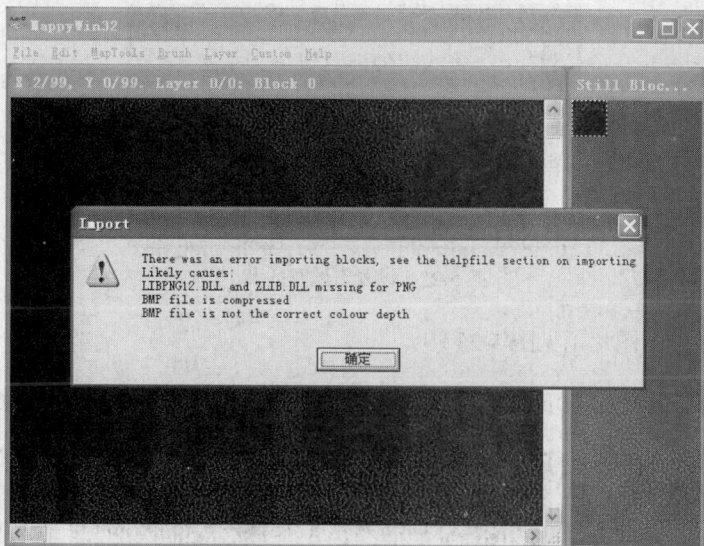

图 5-23　Mappy 使用报错信息

## 三、任务实施

（1）打开 Mappy，单击菜单【File】→【New Map】新建一个地图（见图 5-24）。

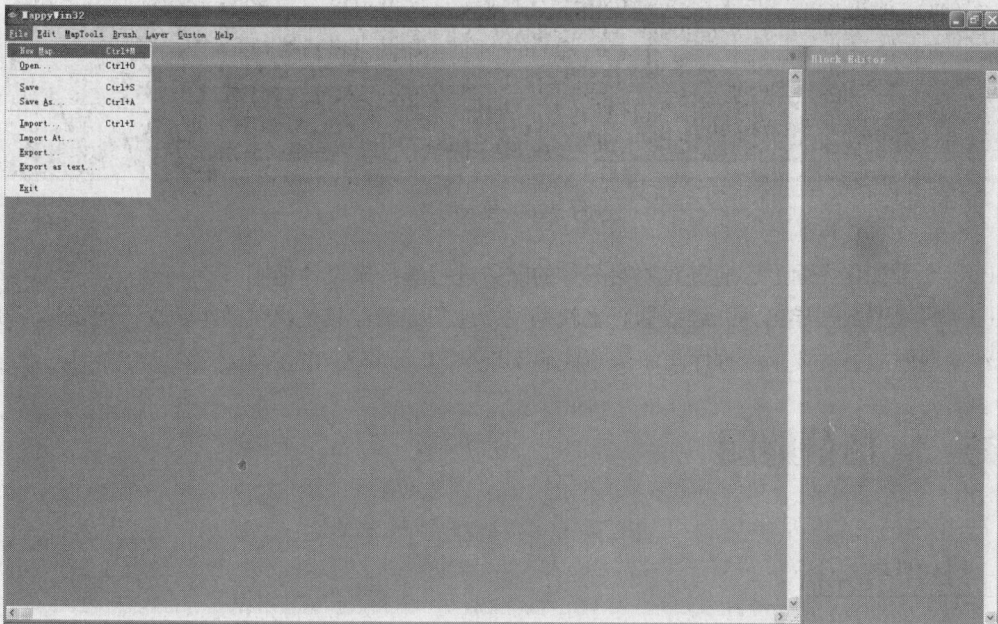

图 5-24　打开 Mappy 页面创建新地图

（2）通过设置宽度和高度来设置每个贴砖（tile）的大小，以 tile 为单位分别设置地图的宽度和高度，即是以贴砖个数来设置整幅地图的大小（见图 5-25）。

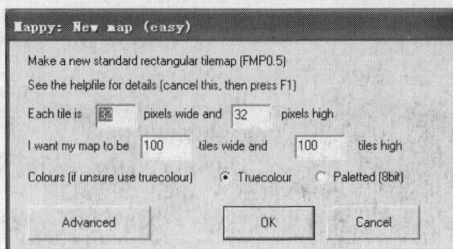

图 5-25　设置新地图的大小

（3）导入原始地图图片（见图 5-26）。

图 5-26　导入图片

（4）在可视化界面上，通过对原始图片的贴砖进行选择来设计地图。

（5）将地图数据导出为二维数据。也就是说，地图编辑器只是提供数组数据，而具体遍历数组来绘制地图的方法要求由程序员来编写代码实现。

# 任务三　加载地图

## 一、任务分析

将地图数据加载到手机屏幕上，实际上就是读取任务二生成的二维地图数据，并写入到屏幕上，而二维数据的读取需要使用两个嵌套的 for 循环就叮以实现。要完成本次任务，需要思考如下两个问题。

（1）地图数据放在什么地方保存？

（2）如何映射地图的图片文件和地图数据？

## 二、相关知识

### （一）GameCanvas 类

为了方便程序员进行游戏开发，MIDP 2.0 中提供了 javax.microedition.lcdui.game 包，在这个包内一共包含了 5 个类，分别是 GameCanvas、Layer、LayerManager、TitledLayder 和 Sprite（见图 5-27）。

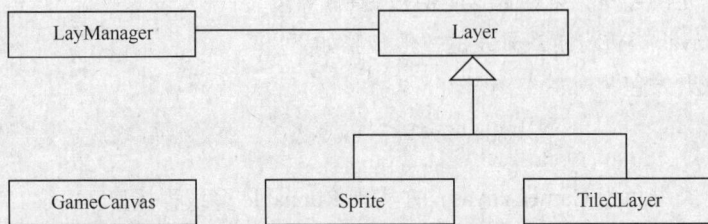

图 5-27　Game 包 API 类图

GameCanvas 为 Canvas 的子类，除了继承 Canvas 的特性之外，还针对游戏开发的需要增加了双缓冲、随时获取按键状态等一些简化游戏编程的功能。在游戏开发中，通常定义一个 GameCanvas 子类用作游戏的主框架。

GameCanvas 类的构造方法格式如下。

GameCanvas（boolean suppressKeyEvents）参数 suppressKeyEvents 表示是否处理游戏按键之外的其他按键事件。如果参数 suppressKeyEvents 取值 false，则只对游戏按键进行响应，其他按键程序运行过程中不会调用事件处理方法 keyPressed、keyRepeated 和 keyReleased，这样可以提高速度和性能。如果参数 suppressKeyEvents 取值 true，则能够响应所有的按键事件。

GameCanvas 类的主要方法如下。

（1）getGraphics()：用以获取屏幕外缓冲图像的 Graphics 对象，和 flushGraphics 方法组合使用可以实现双缓冲绘图。与 Canvas 类的 paint 方法相比，可以利用 getGraphics 方法在需要的地方灵活地编写绘图代码。

（2）flushGraphics()：将整个屏幕外的缓冲图像绘制到手机屏幕上。flushGraphics()并不会产生重绘事件，调用 flushGraphics()时，并不会调用 paint()方法。

（3）flushGraphics(int x, int y, int width, int height)：将屏幕外缓冲图像的部分区域绘制到手机屏幕上，其中参数 x 和 y 表示左上角坐标，参数 width 和 height 分别表示绘制区域的宽度和高度。

（4）getKeyStates()：获取当前按键状态，返回整数的每一个 bit 位代表了手机上的特定键，如果 bit 位取值为 1，则表示该键正在被按下或者在该方法调用前曾经至少按过一次；如果 bit 位取值为 0，则表示该键正在被放开或者在该方法调用前未曾按过一次。

在 Canvas 类中，当按键被按下时，JVM 会调用 keyPressed 方法进行处理，在方法中获得按键的状态，并调用再描绘方法 repaint 来更新屏幕，因此难以与游戏状态保持紧密的连接。而在 GameCanvas 类，可以在任何地方随时使用 getKeyStates 方法进行按键状态的查询，执行相应的处理代码后再描绘到屏幕上，这样更便于对游戏状况进行管理：

```
int keystate = getKeyStates();
if ((keystate & UP_PRESSED) != 0) {
    //向下键按下时的处理代码
}
```

通常将 getKeyStates()放到线程中的一个无限循环语句来监听键盘事件，以保证一定能够监听到键盘是否已经被按下。每一次 getKeyStates()方法的调用都会清除当前键盘缓冲区，因此理论上说，连续调用两次 getKeyStates()，前一次会清除之前锁定的键盘状态，而后一次会得到反映当前键盘状态的理想值。但在实际代码编写中可能会出现按键已经放下，但 getKeyStates()还继续捕捉为按下状态。getKeyStates()的返回值会在另外一个线程中被更新，所以在游戏主循环中应根据实际运行时间进行一定的停留，以保证这个值被更新。

使用 GameCanvas 类进行游戏开发的一般步骤如下。

（1）导入游戏开发包。

```
import javax.microedition.lcdui.game.* ;
import javax.microedition.lcdui.* ;
```

（2）定义一个类继承于 GameCanvas，并实现 Runnable 多线程接口。

（3）在构造方法中调用 super（true）或者 super（false）选择抑制或者不抑制键盘事件。

（4）调用 getGraphics()方法获得屏幕外缓冲图像的 Graphics 对象 g。

（5）在线程中调用 getKeyStates()捕获用户按键信息，并进行处理。

（6）利用 Graphics 对象调用绘图函数进行绘图。

（7）调用 flushGraphics 将缓冲的图像显示到屏幕上。

下面给出一个按上下左右键可以画点、线的例子，其中在注释中用序号标出上述重要的代码步骤。

```
//1.导入必须的包
import javax.microedition.lcdui.game.*;
import javax.microedition.lcdui.*;

//2.定义 GameCanvas 的子类，并实现多线程接口
public class GameCanvasExample extends GameCanvas implements Runnable {
    private Graphics g;
    int screenWidth,screenHeight;
    int x,y;
    public GameCanvasExample() {
        //3.选择是否抑制键盘事件
        super(true);
        screenWidth=this.getWidth();
        screenHeight=this.getHeight();
        x=screenWidth/2;
        y=screenHeight/2;
        //4.获得 Graphics 对象
        g = getGraphics();
        //设置画笔颜色
        g.setColor(255, 0, 0);
        new Thread(this).start();
    }

    public void render(Graphics g) {
```

```
        //5.利用获取的绘图对象在画布表面绘制图形
        g.setColor(127, 127, 127);
        g.fillRect(0, 0, getWidth(), getHeight());
        g.drawString("Hello the world!", 10, 50, 0);
    }
    public void input(){
        int keystate=getKeyStates();
        boolean bPress;
        //6.在线程中调用getKeyStates()捕获用户按键信息，并进行处理;
        keystate=getKeyStates();
        bPress=false;
        //按向上键，向上画点，减少y的坐标值
        if ((keystate & UP_PRESSED) != 0) {
            if(y>1){
                y--;
                bPress=true;
            }

        }
        //按向下键，向下画点，增加y的坐标值
        if ((keystate & DOWN_PRESSED) != 0) {
            if(y<screenHeight-1){
                y++;
                bPress=true;
            }
        }
        //按向左键，向左画点，减少x的坐标值
        if ((keystate & LEFT_PRESSED) != 0) {
            if(x>1){
                x--;
                bPress=true;
            }
        }
        //按向右键，向右画点，增加x的坐标值
        if ((keystate & RIGHT_PRESSED) != 0) {
            if(x<screenWidth-1){
                x++;
                bPress=true;
            }
        }
        if(bPress){
            //7.调用绘图函数进行绘图;
            g.drawLine(x, y, x, y);
            //8.将缓冲的图像显示到屏幕上
            flushGraphics();
        }
    }
    public void run() {
        long beginTime,endTime,cycleTime;
        int frameTime=30;//每次游戏循环所需要的时间
        while(true){
            beginTime = System.currentTimeMillis();
            input();
```

```
            endTime=System.currentTimeMillis();
            cycleTime=endTime-beginTime;
            if(cycleTime<frameTime){//如果循环时间过快，则进行调节
                try{
                    Thread.sleep(frameTime-cycleTime);
                }catch(Exception ex){
                    ex.printStackTrace();
                }
            }
        }
    }
}
```

## （二）Layer 类

游戏一般由背景（地图）和角色组成。背景和角色都可以使用 Layer 类来实现，若干个 Layer 按照一定的规则相叠则构成完整的游戏画面。Game API 中的 Layer 是一个抽象类，代表一个图层。Layer 拥有两个具体的子类 TiledLayer 和 Sprite。TiledLayer 适合实现游戏背景，而 Sprite 适合实现游戏角色。

Layer 类的主要方法如下。

（1）setVisible(boolean visible)：调用设置 Layer 对象的可见性，一个 Layer 对象可以是可见的，也可以是不可见的。

（2）isVisible()：返回一个 Layer 对象的可见性。不可见的 Layer 对象不会被绘制，即使它的 paint()方法被调用，也不参加冲突检测。

（3）paint()：绘制 Layer，用该方法来绘制自己。

（4）setPosition(int $x$, int $y$)：设置 Layer 对象的左上角坐标为$(x,y)$。

（5）move(int d$x$, int d$y$)：将 Layer 对象的坐标由（$x,y$）移动到（$x+$d$x,y+$d$y$）。

## （三）TiledLayer

TiledLayer 类是抽象类 Layer 的子类，主要是对若干个小图块进行贴图，组成游戏的背景地图。tile 的英文单词为贴砖，因此可以将 TiledLayer 理解为贴砖层，这里的贴砖其实就是组成地图的小图块，每个贴砖的大小要求一样，为程序制作地图的最小单元。

TiledLayer 贴砖层是一个由若干个等同大小单元格组成的网格，在网格中的单元格个数由 TiledLayer 类的构造函数给出，每个单元格的大小则由贴砖的大小来确定。

贴砖来自同一幅图片，其组合方式较为灵活。贴砖的划分是根据预先给出的高度和宽度，从左至右将图片进行分割。图 5-28 表示左边 3 幅不同的图片均可以分割为右边同样的贴砖。每个贴砖均有一个唯一的索引值，最小取值从 1 开始，依序连续进行编号。

TiledLayer 类的构造方法格式为如下。

TiledLayer(int columns, int rows, Image image, int tileWidth, int tileHeight)：参数 columns 表示图层中纵向贴砖的个数；rows 表示图层中横向贴砖的个数；image 表示图层中使用的图片，该图片将用于生成贴砖；tiledWidth 和 tiledHeight 分别表示了 image 中每个贴砖的宽度和高度。

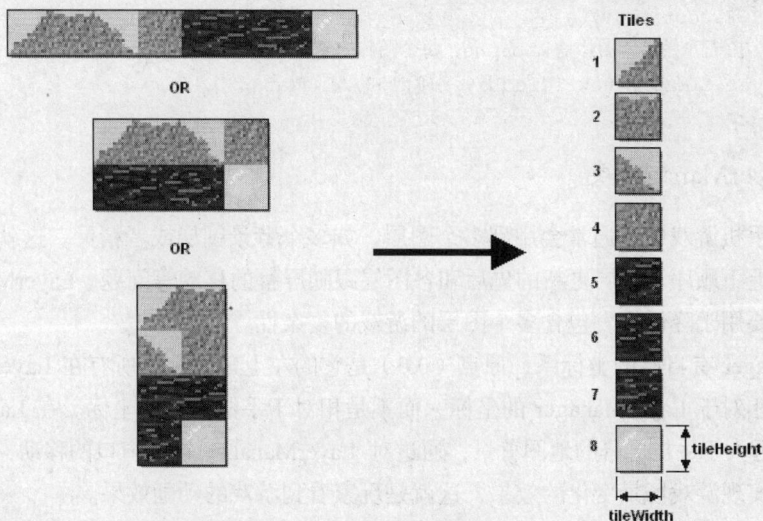

图 5-28　将图片划分为贴砖

TiledLayer 类的主要方法如下。

（1）createAnimatedTile(int staticTileIndex)：创建新的动态贴砖。该方法返回一个动态的贴砖索引值，数值为负数，最小为-1，根据调用的次数依次递减。

（2）setCell(int col, int row, int tileIndex)：设置单元格的地图块。参数 col 表示单元格的所在列，row 表示单元格的所在行，tileIndex 表示贴砖的索引值。

（3）paint(Graphics g)：向屏幕绘制贴砖层。也可以间接通过 LayerManager 图层管理器进行绘制。

（4）setStaticTileSet(Image image, int tileWidth, int tileHeight)：改变贴砖层用到的图像文件。参数 image 表示新的图像，tileWidth 和 tileHeight 分别表示贴砖的宽度和高度。

（5）fillCells(int col, int row, int numCols, int numRows, int tileIndex)：将一个贴砖填充到多个单元格上。参数 col 和 row 分别表示开始贴砖的单元格的列号和行号，numCols 和 numRows 分别表示需要贴砖的列数和行数，tileIndex 表示贴砖索引值。

（6）getCell(int col, int row)：获取指定单元格的贴砖索引。参数 col 和 row 分别表示单元格的列号和行号。

（7）getCellHeight()：获取单元格的高度，返回的是像素值。

（8）getCellWidth()：获取单元格的宽度，返回的是像素值。

（9）getRows()：获得贴砖层单元格的行数。

（10）setAnimatedTile(int animatedTileIndex, int staticTileIndex)：将一个动态贴砖与特定的静态贴砖关联。参数 animatedTileIndex 表示动态贴砖的索引，staticTileIndex 表示关联的静态贴砖。该方法和 createAnimatedTile(int staticTileIndex)一起可以实现动态的贴图效果，例如，在地图某处周围的绿草摇曳。

下面举例说明 TiledLayer 类的使用方法：

```
//创建地图源图片
Image imgMap;
try {
```

```
        Image imgMap = Image.createImage("/map.png");
} catch (IOException e) {}
//有 8 列，130 行个贴砖，图片是 map.png，每个贴砖的高和宽是 30 个像素。
 TiledLayer tlMap = new TiledLayer(8,130, imgMap, 30, 30);
 );
```

### （四）LayerManager 类

在复杂的手机游戏中，通常会用到多个图层，如多个背景图层或者精灵。这就需要处理不同图层间排列的上下顺序、图层更新的先后和各图层跟随屏幕的移动等问题。LayerManager 类是一个管理器，主要用于降低开发包含多个图层的游戏的复杂性。

LayerManager 有自己的坐标系，原点（0,0）是它的左上角坐标，所有在 LayerManager 中的图层坐标均是相对于 LayerManager 的坐标，而不是相对于手机屏幕的坐标。在 LayerManager 中可以创建一个远大于手机屏幕的地图背景，通过对 LayerManager 视图窗口的移动，显示出被遮掩的图像，从而实现游戏场景变化的效果，这就是玩家看到游戏的动画效果。

LayerManager 类的构造方法很简单，只有一个没有参数的构造方法：使用 LayerManager()创建一个新的图层管理器。

LayerManager 类的主要方法如下。

（1）append(Layer l)：添加一个图层到管理器的底部。参数 l 表示要添加的图层。LayerManager 类以顺序表的方式管理图层。每一个图层都有特定的索引，索引将根据图层被添加到管理器的顺序来确定，从 0 开始随着图层数的增加而增加。序号越小的图层越靠近用户，反之则离用户越远。也就是序号低的图层显示在序号高的图层之上，因此图片的背景通常是在最后才添加，否则其他图层可能会被背景图层遮挡，导致无法显示。

（2）getLayerAt(int index)：获得指定索引的图层。

（3）getSize()：获得图层管理器中图层的数量。

（4）insert(Layer l, int index)：在图层管理器指定的索引位置插入一个新的图层。

（5）paint(Graphics g, int x, int y)：在指定位置开始渲染当前的视图窗口，在视图内的各个图层将被渲染。参数 g 表示绘图 Graphics 对象，（x,y）表示视图窗口的左上角坐标。注意：该方法所用的坐标遵从于手机屏幕的坐标系。

（6）remove(Layer l)：从图层管理器中删除指定图层。参数 l 表示需要被删除的图层。

（7）setViewWindow(int x, int y, int width, int height)：设置图层管理器的视图窗口。参数（x,y）表示视图窗口的左上角，通常把（x,y）取值为（0,0）；width 和 height 分别表示视图窗口的宽度和高度，取值通常与手机屏幕的宽度和高度一样。注意：该方法所用的坐标值（x,y）遵从 LayerManager 的坐标系。

setViewWindow 和 paint 两个方法对手机屏幕上的图像显示起到非常重要的作用，而且它们涉及两种不同的坐标系，通常需要在程序代码中一起使用这两个方法，下面对它们的用途做进一步的说明。

通过改变 setViewWindow 方法中的（x,y）坐标参数，可以实现卷屏地图效果；通过设置 width 和 height 可控制背景图像的展示大小。即使调用 paint()方法，在视图窗口以外的对象也不会被绘制，从而实现游戏绘制的优化。例如：setViewWindow(52,11,85,85)把大小为 85*85，相对 LayerManager 的坐标为（52,11）的一片区域显示给用户（见图 5-29）。

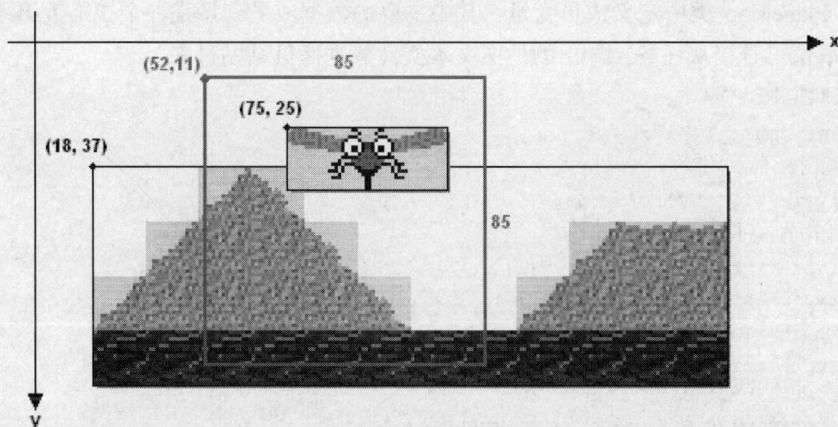

图 5-29　设置视图窗口

通过调用 paint 方法可以把 LayerManager 中所有可见，且在视图窗口以内的图层对象绘制在屏幕上。参数（$x,y$）是相对于手机屏幕的坐标，在（$x,y$）处开始绘制视图窗口，例如：paint($g$,17,17) 将从手机的屏幕坐标（17,17）开始绘制上图的视图窗口（见图 5-30）。

图 5-30　绘制视图窗口

下面举例说明 LayerManager 类的使用方法。

```
//创建层管理器
LayerManager layerManager = new LayerManager();
//将贴砖层 tlMap 加入到图层管理器中
layerManager.append(tlMap);
```

# 三、任务实施

（1）创建一个专门的地图类 PlaneMap，用于管理地图二维数组的数据，在该类中实现地图的加载。

```
import javax.microedition.lcdui.Image;
import javax.microedition.lcdui.game.TiledLayer;
public class PlaneMap {
    ...
}
```

（2）在 PlaneMap 类中定义成员变量，其中主要的数据成员变量是一个二维数组 MapData，MapData 的取值可直接从任务二导出的地图文本文件数据拷贝粘贴过来。

```
//地图源图片
Image imgMap;
//地图层
private TiledLayer tlMap;
//地图的总列数、总行数
private int tiledColNum = 8;
private int tiledRowNum = 130;
//地图的每个贴砖的宽度和高度
private int tiledWidth = 30;
private int tiledHeight = 30;
//二维数据存储贴砖索引数据，详细数据省略
static byte[][] MapData ={{…}…{…}};
```

（3）定义 getBackground 方法中，通过对地图源图片文件和地图二维数组的关联来建立手机地图，实现地图数据的加载，方法的返回值是 TiledLayer 对象。

```
public TiledLayer getBackground(){
    if (tlMap == null) {
        imgMap=CommonFunction.createImage("/map.png");
        tlMap =
            new TiledLayer(tiledColNum, tiledRowNum, imgMap, tiledWidth, tiledHeight);
        for (int row = 0; row < tiledRowNum; row++) {
            for (int col = 0; col < tiledColNum; col++) {
                tlMap.setCell(col, row, MapData[row][col]);
            }
        }
    }
    return tlMap;
}
```

# 任务四　开发子弹

## 一、任务分析

本任务需要实现的效果示意图（如图 5-31 和图 5-32 所示）。

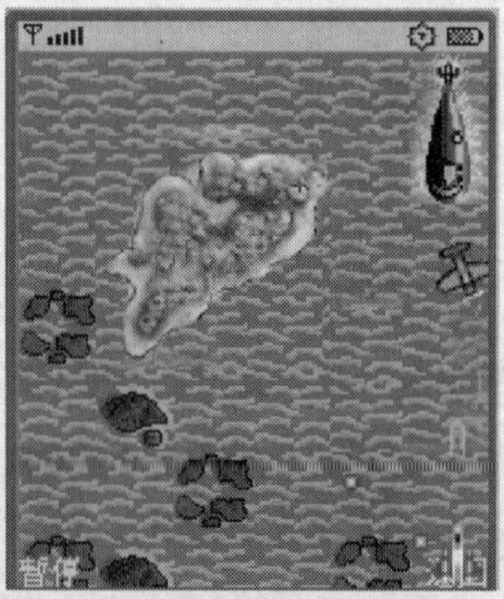

图 5-31　发射子弹

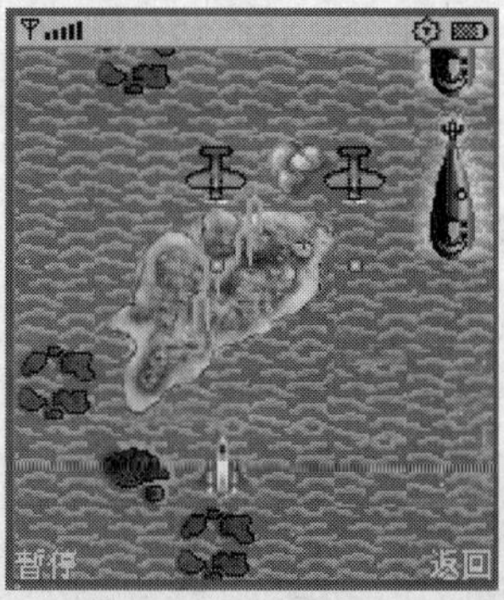

图 5-32　命中敌机爆炸

子弹的发射应该支持不同方向，例如，我方飞机从下向上发射子弹，敌方飞机自上向下发射子弹。当子弹与飞机碰撞之后，飞机的生命值相应地要减少，如果飞机的生命值为 0，则产生爆炸效果，子弹和飞机都消失。要完成本次任务，需要思考如下 3 个问题。

（1）如何让子弹在界面上产生运动的效果？

（2）如何检测到两个物体发生碰撞？

（3）当子弹打中物体后，如何显示爆炸效果？

## 二、相关知识

### （一）集合的知识

Java ME 中提供了多个接口和类管理集合，例如有 Collection、List、Set、Map 接口，实现接口的集合类有 LinkedList、ArrayList、Vector、Hashtable、HashMap 和 WeakHashMap 类。但在 Java ME 中只有 java.util 包提供 Vector 类，其功能和 Java ME 的 Vector 类似，实现的是一个动态增长的数组，可以在程序代码中调整或者裁减集合的大小，能向集合插入、删除和修改元素。每个集合中的元素都被分配一个整数索引号，可以直接根据索引号删除和插入一个元素，也可以修改或获得一个元素的值。

Vector 类有 3 种构造方法，格式分别如下所示。

（1）Vector()：创建一个空的 Vector 对象。

（2）Vector(int initialCapacity)：创建一个空的 Vector 对象，指定初始的集合容量。

（3）Vector(int initialCapacity, int capacityIncrement)：创建一个空的 Vector 对象，指定初始的集合容量和容量增量。

Vector 类的主要方法是围绕着集合对象的管理，具体有以下几种。

（1）addElement(Object obj)：将对象加入到 vector 集合的最后位置，集合的容量自动加 1. 其中参数 obj 为加入到 vector 的对象，其类型可以是 Object，也可以是 Object 的子类。

（2）capacity()：返回 vector 的当前集合容量。

（3）contains(Object elem)：判断对象是否在 vector 集合中。

（4）copyInto(Object[] anArray)：将 vector 集合内的对象拷贝到数组中。参数 anArray 为拷贝对象所存放的数组，要求数组大小不小于集合中对象的个数。

（5）elementAt(int index)：返回集合中指定索引的对象。参数 index 为集合的索引值。

（6）elements()：枚举集合中的对象，返回类型为 Enumeration。注意：Enumeration 接口提供两个方法实现对集合中元素的遍历，其中 hasMoreElements()方法判断集合中是否还有元素没有被枚举，nextElement()方法返回枚举中的下一个元素。

（7）ensureCapacity(int minCapacity)：增加集合的容量，确保集合能够至少装纳 minCapacity 个对象。

（8）firstElement()：返回集合中的第一个对象。

（9）indexOf(Object elem)：搜索集合中第一个与参数 elem 匹配的对象位置。

（10）insertElementAt(Object obj, int index)：在集合指定的索引位置插入对象。参数 obj 为插入的对象，index 为指定的索引。

（11）isEmpty()：判断集合是否为空。

（12）lastElement()：返回集合中的最后一个对象。

（13）lastIndexOf(Object elem)：搜索集合中最后一个与参数 elem 匹配的对象位置。

（14）lastIndexOf(Object elem, int index)：从索引 index 开始从后向前搜索与参数 elem 匹配的第一个对象位置。

（15）removeAllElements()：删除集合中的所有对象。

（16）removeElement(Object obj)：从集合中删除掉参数指定的对象 obj。

（17）removeElementAt(int index)：从集合中删除掉参数指定索引 index 的对象。

（18）setElementAt(Object obj, int index)：更改特定位置的对象。其中参数 obj 为新的对象，参数 index 为新对象的位置。

（19）setSize(int newSize)：重新设置集合的大小。参数 newSize 为集合新的大小取值。如果 newSize 比集合当前大小要小，那么减少部分的对象将会被丢弃。反之，如果 newSize 比集合当前大小要大，那么超出部分的对象将为空值。

（20）size()：返回集合的对象个数。

（21）toString()：用字符串表示集合的元素。

（22）trimToSize()：将集合的容量消减为与其当前实际大小相同。

可以有多种方法穷举集合中的对象：例如，对于集合 vBullet。

（1）使用 for 循环来穷举集合的对象：

```
int count = vBullet.size() - 1;
for (int i = count; i >= 0; i--) {
    对象类型 temp = (对象类型)vBullet.elementAt(i);
    …
}
```

注意：从集合中取出对象，需要使用该对象的所在类型进行强制类型转换。

（2）采用 Enumeration 来枚举集合的对象：

```
Enumeration e= vBullet.elements();
while(e.hasMoreElements()){
    对象类型 temp = (对象类型)e.nextElement()
    …
}
```

下面举例说明 Vector 类的使用方法。

```
import java.util.Enumeration;
import java.util.Vector;

import javax.microedition.midlet.MIDlet;
import javax.microedition.midlet.MIDletStateChangeException;

public class VectorExample extends MIDlet {
    Vector vector = new Vector(3, 2);
    public VectorExample() {
        // TODO Auto-generated constructor stub
    }

    protected void destroyApp(boolean arg0) throws MIDletStateChangeException {
        // TODO Auto-generated method stub
```

```
    }

    protected void pauseApp() {
        // TODO Auto-generated method stub

    }

    protected void startApp() throws MIDletStateChangeException {
        System.out.println("未加入任何元素时，Vector 集合的对象个数为："+vector.size()+",
容量为: " + vector.capacity());
        vector.addElement("字符串元素 1");
        vector.addElement("字符串元素 2");
        vector.addElement("字符串元素 3");
        System.out.println("加入 3 个字符串后,Vector 集合的对象个数为:"+vector.size()+",
容量为: " + vector.capacity());
        vector.addElement(new Integer(1));
        System.out.println("加入一个整形对象后，Vector 集合的对象个数为："+vector.
size()+", 容量为: " + vector.capacity());
        vector.addElement(new Float(3.6));
        vector.addElement(new Double(5.456));
        System.out.println("加入一个单精度和双精度对象后，Vector 集合的对象个数为：
"+vector. size()+", 容量为: " + vector.capacity());
        vector.addElement("字符串元素 4");
        vector.addElement(new Integer(4));
        System.out.println("加入一个字符串和整形对象后,Vector 集合的对象个数为:"+vector.
size()+", 容量为: " + vector.capacity());
        System.out.println("第一个元素是: " + vector.firstElement());
        System.out.println("最后一个元素是: " + vector.lastElement());
        if(vector.contains(new Integer(2))){
            System.out.println("Vector 包含了整形 2");
        }else{
            System.out.println("Vector 未包含整形 2");
        }
        int count = vector.size() - 1;
        for (int i = count; i >= 0; i--) {
            System.out.print(vector.elementAt(i)+ ",");
        }
        /*也可以使用下面的方法列出 Vector 中的元素
        Enumeration enum = vector.elements();
        System.out.println("vector 中的所有元素:");
        while(enum.hasMoreElements()){
            System.out.print(enum.nextElement() + ",");
        }
        */
        System.out.println();
    }

}
```

## （二）游戏的动画效果

实现游戏动画效果一般有两种方法，一种方法是动态地改变物体的坐标或者物体背景的坐标，产生物体移动的效果。另外一种方法是动态地改变物体画面的帧，产生画面变化的效果。下面对帧的概念进行详细的描述。

医学证明，人类具有视觉暂留的特点，即人眼看到物体或画面后，在 1/24 秒内不会消失。观察的图像如果以一定的速度一幅幅地从眼前经过，看上去就好象运动了起来，因此我们制作动画，就是要使一幅幅的图像连续地变化，从而使我们看上去是好象真的动起来了。这一原理已经成为动画、电影等视觉媒体形成和传播的根据。

帧（Frame）是构成动画的基本单位，把一秒播放的图像分割成若干个，每一个图像叫做一帧（见图 5-33）。帧率（Frame rate）是用于测量显示帧数的量度，即每秒显示帧数（Frames per Second，FPS）。FPS 越大，画面就越流畅。电影是每秒二十四帧。不同类型的游戏对帧数的要求不同，一般情况下 40FPS 左右就可以满足游戏的画面需求。

图 5-33　图片帧

在手机游戏开发中，可将物体的动作按一定的顺序排列后制作成一张图像，图 5-34 所示为由 4 帧组成的一幅蚊子飞行动作的图片，帧的索引是从 0-3。

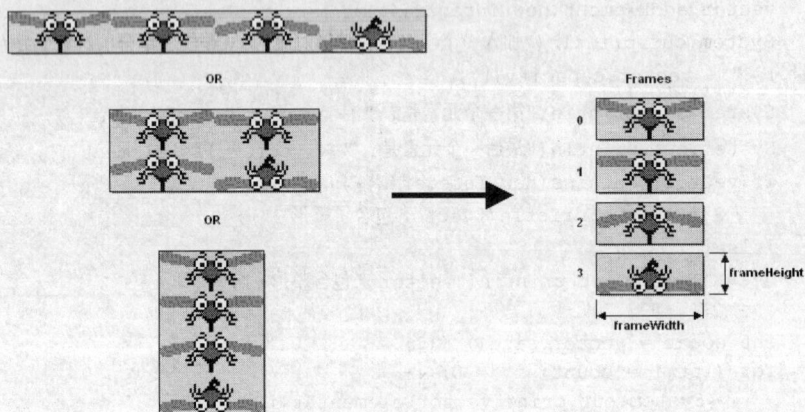

图 5-34　精灵图片的帧分割

图像自身的帧序列和在程序中定义的帧序列，两者的含义是不同的。下面对程序定义的帧序列做介绍：精灵的帧序列确定了帧显示的先后顺序，默认的帧序列为图像可用帧序列，例如：如果一个精灵有 4 帧，其默认的帧序列为{0, 1, 2, 3}，见图 5-35。

可以对精灵设置随意的帧，帧序列至少应包含一个元素，每一个元素必须关联正确的帧索引。通过定义一个新的帧序列，开发者可以方便地以各种顺序显示精灵的帧序列。图 5-36 给出了蚊子摆动翅膀的帧序列，第一帧是蚊子的翅膀向上，第二帧为水平，第三帧为向下，第四帧为水平，如此摆动 3 个周期，最后停留一段时间，才重复摆动。

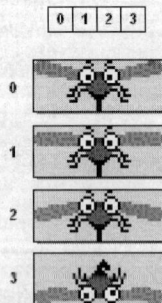

图 5-35　默认帧序列

## （三）Sprite 类

Sprite 类用于代表游戏中的动画角色，该类又称为精灵类，可以较好地实现动画效果。Sprite 类有 3 种构造方法，格式分别如下。

（1）Sprite(Image image)：使用给定的图像，创建一个新的非动画精灵。参数 image 为精灵用到的图像。

（2）Sprite(Image image, int frameWidth, int frameHeight)：使用包含在图像中的帧创建一个新的动画精灵。其中 image 为精灵用到的图像；frameWidth 和 frameHeight 分别表示帧的宽度和高度。注意：图片将按照指定大小被分为 $N$ 个帧，通过 setFrame 方法就可以让 Sprite 动起来。

（3）Sprite(Sprite s)：通过另一个精灵对象创建一个新的精灵对象。

Sprite 类的主要方法有如下几种。

（1）collidesWith(Image image, int *x*, int *y*, boolean pixelLevel)：对自身和指定的图像进行碰撞检测。参数 image 表示指定的图像，*x,y* 表示图像的左上角，pixelLevel 表示是否进行像素级的检测。

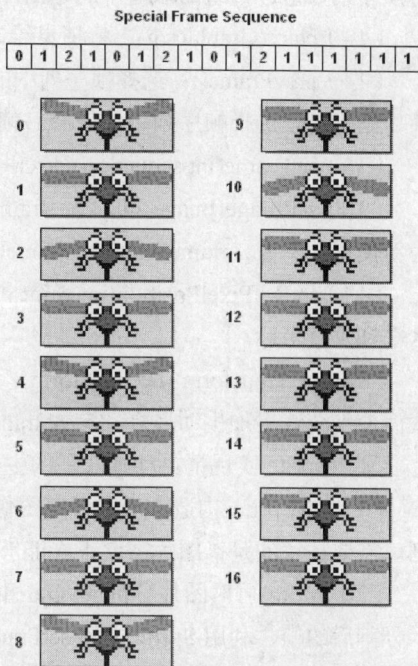

图 5-36　指定的帧序列

（2）collidesWith(Sprite *s*, boolean pixelLevel)：对自身和指定的精灵进行碰撞检测。参数 *s* 表示指定的精灵，pixelLevel 表示是否进行像素级的检测。

（3）collidesWith(TiledLayer *t*, boolean pixelLevel)：对自身和指定的图层进行碰撞检测。参数 *t* 表示指定的图层，pixelLevel 表示是否进行像素级的检测。

（4）defineCollisionRectangle(int x, int y, int width, int height)：定义精灵用于碰撞检测的矩形区域。参数（*x,y*）为矩形的左上角坐标，width 和 height 分别表示矩形的宽度和高度。只有碰撞到了这个区域，才会发生碰撞。例如：一个精灵的图像大小为 32*32，defineCollisionRectangle(0,0,32,16) 就是指该精灵图像的上半部分为碰撞检测区域。

（5）defineReferencePixel(int x, int y)：定义精灵的参考像素点坐标。

（6）getFrame()：获取帧序列中当前帧索引号。

（7）getFrameSequenceLength()：获取帧序列的长度，与 setFrameSequence 方法所设置的帧序列有关。

（8）getRawFrameCount()：返回所有原始帧的总数。这里的原始帧指的是精灵图像本身具有的帧数。而 getFrameSequenceLength 方法并不反映原始帧数，当采用默认的帧序列，getRawFrameCount 和 getFrameSequenceLength 两个方法的返回值是相等的。

（9）getRefPixelX()：获得参考像素点在绘图坐标系统中的 *X* 坐标。

（10）getRefPixelY()：获得参考像素点在绘图坐标系统中的 *Y* 坐标。

（11）nextFrame()：选择帧序列中的下一帧。帧序列的选取是一个循环，如果当前帧到了最后一帧，则下一帧选择帧序列中的第一帧。

（12）setFrameSequence(int[] sequence)：改变精灵默认的帧序列，重新进行设置。参数 sequence

为帧序列数组，数组的取值不能超出图像的帧数。

（13）paint(Graphics g)：将精灵绘制到手机屏幕上。

（14）prevFrame()：选择帧序列中的上一帧。帧序列的选取是一个循环，如果当前帧到了第一帧，则上一帧选择帧序列中的最后一帧。

（15）setFrame(int sequenceIndex)：设置当前帧。参数 sequenceIndex 表示帧序列中的索引值。

（16）setImage(Image img, int frameWidth, int frameHeight)：改变精灵所用的图像。参数 img 为新使用的图像，frameWidth 和 frameHeight 分别是图像帧的宽度和高度。

（17）setRefPixelPosition(int x, int y)：设置参考像素点的坐标。参数（x,y）分别表示像素点的水平和垂直坐标。

（18）setTransform (int transform)：对精灵进行转换，可使游戏对象具有转动和翻转的功能，从而使得游戏更加生动逼真。参数 transform 表示转换的方式。

利用 sprite 实现精灵动画效果的主要两个步骤如下。

（1）在 Sprite 构造方法中设定图像源和每帧的尺寸，Sprite 能够自动根据帧数对图片进行分割。需要注意的是，图片需要正好能够分割为整数个帧，否则将出现 I/O 异常。

（2）Sprite 可对图片分割成大小相等的帧，每一帧的索引从 0 开始连续进行编号，精灵将显示分割后的帧，利用 Sprite 类的 setFrame 方法可以在游戏过程中任意指定应显示哪一个帧，相应地还可以使用 nextFrame 和 prevFrame 方法显示相对于当前帧的前、后帧。

Sprite 类的 setTransform 和 Image 类的 createImage 方法都用到了 transform 参数。transform 参数的取值有 8 种，定义在 Sprite 类中（见图 5-37）。

Sprite.TRANS_NONE：对图像不做任何变换。

Sprite.TRANS_ROT90：将图像绕其中心顺时针旋转 90°。

Sprite.TRANS_ROT180：将图像绕其中心顺时针旋转 180°。

Sprite.TRANS_ROT270：将图像绕其中心顺时针旋转 270°。

Sprite.TRANS_MIRROR：将图像根据垂直中线进行镜像翻转。

Sprite.TRANS_MIRROR_ROT90：将图像根据垂直中线进行镜像翻转后，顺时针旋转 90°。

Sprite.TRANS_MIRROR_ROT180：将图像根据垂直中线进行镜像翻转后，顺时针旋转 180°。

Sprite.TRANS_MIRROR_ROT270：将图像根据垂直中线进行镜像翻转后，顺时针旋转 270°。

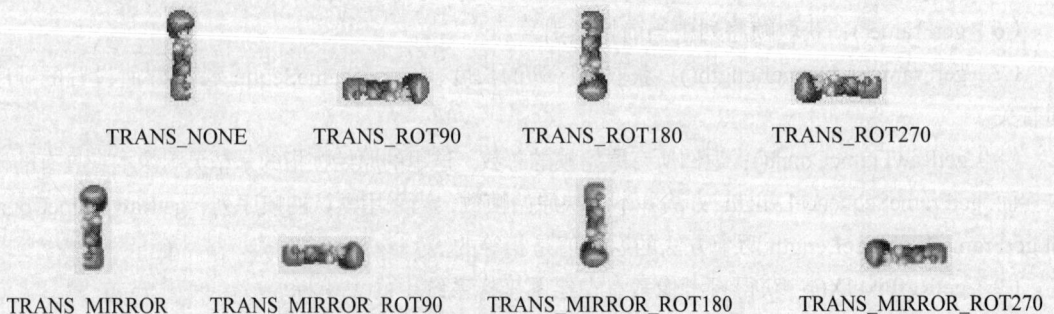

图 5-37　精灵的翻转

例如：plane.setTransform(Sprite.TRANS_ROT180);表示设定精灵 plane 转动 180°。

Sprite 类利用父类 Layer 的 setPosition 方法来指定精灵的坐标点，从而定位精灵在屏幕中的位置；在描绘精灵时，只需要把 Graphics 对象传递到 paint 方法中的参数就能将精灵显示。

例如：设置精灵对象 plane 的位置，使用 plane.setPosition(getWidth()/2,getHeight()/2);在屏幕上显示精灵对象 plane，使用 plane.paint(g)。

setPosition 方法是对精灵图像的左上角进行坐标定位，在 Sprite 中还提供了更灵活的坐标定位方法。使用 defineReferencePixel 设定精灵的参照点，再使用 setRefPixelPosition 对精灵参照点的目标定位。参考点指的是帧中的一个点，然后以该点作为精灵在图像中的位置定位。图 5-38 所示即用 defineReferencePixel（25,3）表示将猴子手掌心位于图像坐标处（25,3）定义为参考点，然后再调用 setRefPixelPosition（48,22），可将猴子手掌心定位在屏幕的坐标（48,22）。

图 5-38　参考点的定义和定位

下面举例说明 Sprite 类的使用方法。

（1）第一种用法：定义一个子类继承于 Sprite 类，那么该类将具有 Sprite 类的属性和方法，然后再用该类去定义 Sprite 对象。

```
public class MySprite extends Sprite {
    public MySprite (Image image) {
    //Sprite 类的构造函数
    super(image);
    //MySprite 类其他的属性设置，例如位置
    …
    }
    public MySprite (Image image, int frameWidth, int frameHeight){
        super(image, frameWidth, frameHeight);
    }
}
public class SpriteApp {
    public void createSprite(){
        try {
            //定义一个非动画精灵
            MySprite mySprite = new MySprite(Image.createImage("/apple.png"));
        }catch (Exception e) {
            System.out.println("不能读取 PNG 文件");
```

```
        }
    }
}
```

（2）第二种用法：直接使用 Sprite 类去定义 Sprite 对象。

```
public class SpriteApp {
    public void createSprite(){
        try {
            Sprite mySprite = new Sprite(Image.createImage("/apple.png"));
        }catch (Exception e) {
            System.out.println("不能读取 PNG 文件");
        }
    }
}
```

（四）碰撞检测

碰撞检测在游戏中起到很重要的作用，其任务是确定两个或多个物体彼此之间是否发生接触。例如，我方飞机和敌机在游戏中若发生碰撞，则在游戏处理中需将碰撞双方的生命值进行减小。

游戏中的碰撞检测方法有很多，不同算法的差异主要体现在对精度和性能的权衡。手机常用的碰撞检测方法有两种。

1. 采用近似的方法进行检测

主要原理是：使用包围图像的一个范围进行碰撞检测，这种方法的碰撞精度相对较低，但性能较高。对需要碰撞检测的物体包围有多种方法，有矩形、圆形、凸多边形等，这些包围方法的差异主要体现在对物体的近似代替程度（见图 5-39）。

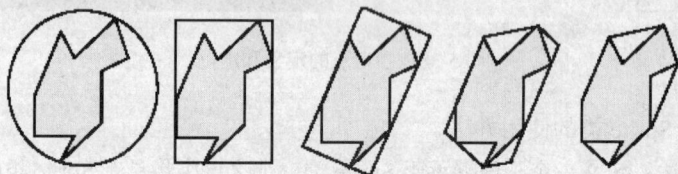

图 5-39　不同的近似包围体

下面对矩形和圆形检测做介绍。矩形检测是使用一个最小的矩形将物体框住，记录矩形的左上角坐标和矩形长宽，物体之间是否碰撞判断的依据是其相应包围的矩形之间是否有重叠，这种检测方法较为简单，仅需要 4 次比较即可得出两个物体之间是否碰撞；而圆形检测则与矩形检测类似，区别在于用一个能够包含物体的最小圆代替了矩形，判断两个圆是否碰撞取决于两个圆心之间的距离是否小于两个圆的半径之和。图 5-40 所示为矩形和圆形碰撞检测的示意图。

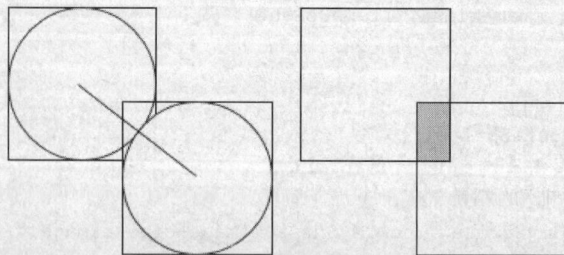

图 5-40　包围体碰撞检测

### 2. 采用精确的方法进行检测

精确的碰撞检测方法是采用像素（Pixel）检测，算法检测的准确度高，但相对效率最低。一个像素是图像的最小完整采样，也就是图像元素的最基本单位。单位面积内的像素越多代表分辨率越高，显示的图像就会越接近于真实物体。

像素检测实际上不是查看精灵的透明区域是否重合而是精灵图像本身是否重合。当精灵图像重合时，才会获得一个碰撞冲突。为了提高检测的效率，首先采取上述近似的检测方法判断两个物体是否存在碰撞的可能，如果存在碰撞的可能，则进一步进行更精确的检测，即对图片区域内的点逐行逐列进行求与运算，如果遇到某个点两张图片均有颜色存在，即判为碰撞。

在 Java ME 的开发中，Sprite 类提供了 collidesWith 方法进行碰撞检测，其中的参数 boolean pixelLevel，如果取值为 false，则是采用近似的矩形碰撞检测方法，如果取值为 true，则是采用精确的像素级检测方法。

下面举例说明 collidesWith 方法的使用：

```
//以像素级检测判断 aSprite 和 bSprite 两个精灵对象是否碰撞
if (aSprite.collidesWith(bSprite, true)){
    //进行碰撞检测后的处理
    …
}
```

### （五）爆炸效果

游戏特效在游戏的可玩性上起到非常重要的作用。飞机被击中或者发生碰撞，在游戏中应呈现出爆炸的效果，例如：由内而外扩张到消失的火焰激烈型或包容大量烟雾的燃烧型。这要求程序员在代码中播放由美术人员绘制的爆炸图片。

将每一帧爆炸效果统一放在一个图片上，在程序的线程中结合使用 Sprite 类的帧序列方法 setFrameSequence()和 nextFrame()不断地切换帧，从而获得动态的爆炸效果（见图 5-41）。

图 5-41　爆炸效果示意

例如：对于爆炸精灵类 explode，首先使用 setFrameSequence 方法来设置其动画序列，方法的参数是一个帧索引的编号数组，即设置图片中帧的爆炸次序。然后在线程的循环中使用 getFrame()方法来判断爆炸帧是否已经播放完，如果还未播放完，则使用 nextFrame()显示下一帧。

```
explode.setFrameSequence(new int[] { 0, 1, 2, 3, 4 });
…
while(true){
    …
    if (explode.getFrame() == explode.getFrameSequenceLength()-1) {
        explode. nextFrame();
    }
    …
}
```

## 三、任务实施

在这里定义一个子弹类 Bullet，下面对该类的实现细节进行介绍。

（1）定义全局变量：子弹自身的信息，如图像、精灵、火力、方向、速度。

```
Image imgBullet; //子弹图像
Sprite fire; //子弹精灵
int power;//子弹火力
int direction;//子弹方向
int bulletSpeed;//子弹速度
public Vector vBullet = new Vector(0);//子弹队列
Image explodeImg;//爆炸精灵
```

（2）从集合中创建子弹的方法。

```
public void createBullet(int x,int y) {
        fire = new Sprite(imgBullet, imgBullet.getWidth(), imgBullet.getHeight());
        fire.setPosition(x, y);//设置子弹的初始位置
        vBullet.addElement(fire);//加入子弹队列
}
```

（3）从集合中移除子弹的方法。

```
public void removeBullet(int i) {
    if(vBullet.size()>i){
        vBullet.removeElementAt(i);
    }else{
        System.out.println("所指定删除的子弹不存在");
    }
}
```

（4）在屏幕上绘制子弹。

```
public void drawBullet(Graphics g,int screenHeight) {
    int count = this.vBullet.size() - 1;
    int x,y;
    for (int i = count; i >= 0; i--) {
        //将 vector 对象取出的数据进行强制类型转换
        Sprite temp = (Sprite)vBullet.elementAt(i);
        //获得子弹的 y 坐标
        if(direction>0){//向下，实际就是敌机发射的子弹
            y = temp.getY();
        }else{ //向上，实际是我方飞机发射的子弹
            y = temp.getY() + temp.getHeight();
        }
        if ((y < 0 && direction<0)||(y>screenHeight && direction>0) ){
            //子弹超出屏幕边界，将被移除掉
            removeBullet(i);
            System.gc();//告诉垃圾回收机制，需要回收内存
            Thread.yield();//暂停以便垃圾回收机制回收内存
        } else {
            temp.paint(g);//向屏幕绘制子弹
            temp.move(0, bulletSpeed);//移动子弹
            vBullet.setElementAt(temp, i);//更改集合中相应的子弹信息
        }
    }
}
```

（5）子弹与攻击对象的碰撞检测，如果命中，则发生爆炸。参数 opponent 表示子弹攻击

的对象。

```
public boolean CheckExplode(Sprite opponent) {
    int count = this.vBullet.size() - 1;//获取集合中子弹的数量
    for (int i = count; i >= 0; i--) {
        Sprite bullet = (Sprite) vBullet.elementAt(i);
        if (bullet.collidesWith(opponent, true)){//进行碰撞检测
            vBullet.removeElementAt(i);
            opponent.setVisible(false);//对被子弹击中的对象进行隐藏
            return true;//表示子弹击中目标
            }
        }
        return false;//表示子弹没有击中目标
}
```

# 任务五　加载主角飞机

## 一、任务分析

　　飞机主角在游戏开始时出现在屏幕最底部的中间处，玩家可以通过上、下、左、右键控制其飞行方向，按下确认键后可以发射子弹。要完成本次任务，需要思考如下 3 个问题。

　　（1）在屏幕上显示主角飞机？

　　（2）主角飞机如何发射子弹？

　　（3）如何在主角飞机类中充分利用子弹类的功能？

## 二、任务实施

　　在这里定义一个飞机类 Plane，下面对该类的主要实现细节进行介绍。

　　（1）定义全局变量：主要是主角飞机的相关参数。

```
String sPlane="/plane.png";//飞机精灵用的图片文件
String sBullet="/bullet.png"; //子弹精灵用的图片文件
Image planeImg;//飞机图像对象
Sprite planeSprite;//飞机精灵
int life=3;//飞机精灵的生命次数
private int planeWidth = 32;//飞机帧宽度
private int planeHeight = 31;//飞机帧高度
private int planeX; //飞机的 X 坐标
private int planeY;//飞机的 Y 坐标
Bullet bullet;//子弹对象
private int bulletStep=-2;//子弹的移动速度
```

　　（2）在构造方法中初始化飞机精灵的全局变量。

```
Plane(int screenWidth,int screenHeight){
    planeImg =CommonFunction.createImage(sPlane);//创建飞机图像
    planeSprite = new Sprite(planeImg,planeWidth, planeHeight);//创建精灵
```

```
            planeSprite.setFrame(0);//取第一帧作为精灵的显示图像
            //注意，默认的参考坐标是图像的左上角
            planeX=screenWidth/2-planeSprite.getWidth()/2; //飞机的 X 坐标为宽度的中间
            planeY=screenHeight-planeSprite.getHeight();    //飞机的 Y 坐标为屏幕的底部
            planeSprite.setPosition(planeX, planeY);        //初始化飞机的坐标
            bullet=new Bullet(sBullet,-1,bulletStep);       //创建飞机的子弹对象
    }
```

（3）创建判断飞机的生命值方法：通过对一个生命值变量的判断实现。

```
public boolean isAlive(){
    if (life>0)
        return true;
    else
        return false;
}
```

（4）创建判断主角飞机发射的子弹是否命中敌机的方法：如果命中，则减少敌机的生命值，如果敌机的血数等于 0，则返回 true，以便于在调用该方法后可以进一步决定是否显示爆炸效果。

```
public boolean checkExplode(Enemy opponent) {
    boolean bExplode;
    int blood;
    //判断子弹是否命中
    bExplode= bullet.checkExplode(opponent);
    //如果命中，则进一步判断
    if(bExplode){
        blood=opponent.getBlood();
        //判断敌机的生命值
        if(blood>1){
            //敌机还有生命值，则减少它的生命值
            blood--;
            opponent.setBlood(blood);
            //显示敌机的第 2 帧
            opponent.setFrame(1);
            return false;
        }else{
            //将敌机设置为不可见，在界面上看起来敌机被消灭掉了
            opponent.setVisible(false);
            return true;
        }
    }else{
        return false;
    }
}
```

（5）创建发射子弹的方法：关键是确定子弹发射的位置。

```
public void createBullet(){
    int bulletX = this.getX() + this.getWidth() / 2
    - bullet.imgBullet.getWidth() / 2;
    //采用的是屏幕坐标，而且要求从飞机的头部发射，所以要进行转换
    int bulletY = this.getY() - bullet.imgBullet.getHeight() - bulletStep;
    bullet.createBullet(bulletX, bulletY);
}
```

（6）绘制子弹：直接调用 Bullet 类的 drawBullet 方法。

```
public void drawBullet(Graphics g,int screenHeight) {
    bullet.drawBullet(g, screenHeight);
}
```

# 任务六　加载敌机

## 一、任务分析

敌机在游戏开始后从屏幕上部出现、飞行并发射子弹。在本任务中需要考虑敌机出现的位置，出现的数量和频率，飞行的速度和子弹的发射方向。要完成本次任务，需要思考如下 3 个问题。

（1）如何在屏幕上随机部署敌机?

（2）如何控制敌机的飞行轨迹?

（3）如何控制敌机发射子弹?

## 二、相关知识

关于随机类知识介绍如下。

随机数在游戏程序中常会被使用到，从而使得游戏具有更多的不确定性。例如：NPC 角色的数量、出现位置、出现时间等具有随机性。Java ME 提供了 Random 类，用于在程序中生成各种随机数。

Random 类有两种构造方法，格式分别如下。

（1）Random()：创建一个随机数生成器。

（2）Random(long seed)：以单个种子 seed 创建随机数生成器。其中参数 seed 是随机数生成器内部状态的初始值。如果 2 个 Random 对象使用相同的种子（例如都是 200），并且以相同的顺序调用相同的函数，那它们返回值完全一样。

Random 类主要的方法有 7 种。

（1）next(int bits)：生成下一个伪随机数，数值范围是 $-2^{bits}\sim2^{bits}$。

（2）nextDouble()：返回一个均匀分布的 double 类型数值，数值取值范围是 0.0～1.0。

（3）nextFloat()：返回一个均匀分布的 float 类型数值，数值取值范围是 0.0～1.0。

（4）nextInt()：返回一个均匀分布的 int 类型数值，最大值为 $2^{32}$。

（5）nextInt(int n)：返回一个均匀分布的整形类型数值，数值取值范围是[0,$n$)。

（6）nextLong()：返回一个均匀分布的 long 类型数值，最大值为 $2^{64}$。

（7）setSeed(long seed)：使用单个种子设置随机数生成器。Random rm =new Random(seed) 等同于 Random rm = new Random(); rm.setSeed(seed);

下面代码是获得[min,max]之间的随机正整数的常用语句。

```
Random rm = new Random();
int Ran= Math.abs(rm.nextInt())%(max-min+1)+min;
```

例如：若随机数是 0～10 的整数，代码则是 int Ran= Math.abs(rm.nextInt())%11；

## 三、任务实施

本任务的设计规则是敌机从屏幕的最顶部出现，自动向屏幕下方进行移动。一组敌机的出现的排列方法，是以中心宽度为标准点，向左或者右并列出现，见图 5-42。

图 5-42　敌机出现坐标布局设计

下面定义一个敌机类 Enemy，该类继承于 Sprite 类。

（1）定义全局变量：敌机自身的信息，例如，图像、生命值、火力、方向、速度。

```
String imageName = "/bulletEnemy.png";//敌机精灵所用的图片文件名
Bullet bullet;//敌机精灵子弹
int blood;//敌机的生命值, 如果大于1, 即使被击中也没有消失, 若blood为1, 被打中后就会消失掉
int halfblood;//一半血后变颜色
int num;//敌机数量
int speed;//敌机速度
int type;//飞机的类型
int power;//一次发射子弹数量
```

（2）在构造方法中实现对敌机精灵的初始化。

```
Enemy(Image img, int width, int height, int speed, int blood,int power) {
    super(img, width, height);//调用父类Sprite的构造方法
    this.speed = speed;
    this.power=power;
    this.blood=blood;
    this.halfblood=blood/2;
    bullet = new Bullet(imageName, 1, speed + 2);//创建子弹精灵
}
```

（3）设置和获得敌机的生命值属性。

```
public void setBlood(int blood) {
    this.blood = blood;
}
public int getBlood() {
    return this.blood;
}
```

（4）设置和获得敌机的速度值属性。

```
public void setSpeed(int speed){
    this.speed=speed;
}
public int getSpeed(){
    return this.speed;
}
```

（5）创建判断敌机是否死亡的方法，与主角飞机类似，主要实现是通过对一个生命值变量的判断。

```
public boolean isAlive(){
    if (blood>0)
        return true;
    else
        return false;
}
```

（6）创建敌机发射子弹的方法：子弹的发射位置坐标值参考敌机的位置和子弹的宽度。

```
public void createBullet() {
    int leftX=0,leftY=0;//从左方向进行排列的x,y坐标
    int space=2;//子弹之间的排列间隔
    int rightX=0,rightY=0;//从右方向进行排列的x,y坐标
    int x=0,y=0;//敌机的x,y坐标
    //以敌机的x,y坐标为参照，子弹的坐标从敌机顶部的中间处发射
    int center=this.getX() + this.getWidth() / 2 - bullet.getWidth() / 2;
    leftX=center;//左边排列初始取值为屏幕宽度的中心
    rightX=center;//右边排列初始取值为屏幕宽度的中心
    y = this.getY() + this.getHeight();
    bullet.createBullet(center, y);
    for(int i=1;i<power;i++){
        if(i%2==0){//以中心点开始轮流向左和向右进行排列
            rightX=rightX+bullet.getWidth() +space;
            x=rightX;
        }else{
            leftX=leftX-bullet.getWidth()-space;
            x=leftX;
        }
        bullet.createBullet(x, y);
    }
}
```

（7）创建敌机是否和主角飞机发生碰撞或者子弹击中主角飞机的检测方法。

```
public boolean checkExplode(Sprite opponent, Sprite explode) {
    boolean bExplode;
    //敌机和我方飞机发生碰撞
    if (this.collidesWith(opponent, true)) {
        if(this.blood>1){
            this.blood--;
        }else{
            this.setVisible(false);//将敌机设置为不可见
        }
        opponent.setVisible(false);//将我方飞机设置为不可见
        //发生爆炸，设置爆炸效果
        explode.setPosition(opponent.getX(), opponent.getY());
        return true;//有爆炸,不需继续检测，退出
```

```
        }
    bExplode = bullet.checkExplode(opponent);//检测敌机子弹是否击中我方飞机
    if (bExplode) {//如果击中
            opponent.setVisible(false);//对被子弹击中的对象进行隐藏
            //发生爆炸，设置爆炸效果
            explode.setPosition(opponent.getX(), opponent.getY());
            return true;//有爆炸不需继续检测，退出
    }
    return false;//没有发生爆炸
}
```

（8）确定敌机的飞行移动方式。

```
public void drawEnemy(Graphics g, int screenHeight,int type,int sumSpeed) {
    int x = 0, y = 0;
    int mX = 0, mY = 0;//移动的（x,y）步伐
    x = this.getX();
    y = this.getY();
    if (y <= screenHeight) {
        switch (type) {
        case 0://飞机并排出现
            mX = 0;
            mY = speed+sumSpeed;
            this.setFrame(2);
            break;
        case 1://一前两后的排列
            mX = 0;
            mY = speed+sumSpeed;
            this.setFrame(2);
            break;
        case 2://垂直从上到下
            mX = 0;
            mY = speed;
            this.setFrame(2);
            break;
        case 3://向左倾斜
            mX = -speed;
            mY = speed;
            this.setFrame(0);
            break;
        case 4://向右倾斜
            mX = speed;
            mY = speed;
            this.setFrame(1);
            break;
        }
        this.move(mX, mY);
        if(this.isVisible()){
            bullet.drawBullet(g, screenHeight);
        }
    }
    //敌机的子弹已经过界，则重新发射子弹
    if (y>screenHeight || bullet.vBullet.size() <= 0) {
        createBullet();
```

```
        }

    }
```

由于敌机的种类很多，为了更好地管理程序中敌机的出现顺序与方式，设计了一个管理敌机类EnemyManager。

（1）定义全局变量：各种类型敌机的信息，例如数量、速度、火力、方向、速度。

```
String imageName="/bulletEnemy.png";//敌机精灵所用的图片文件名
Image enemyImg;          //敌机图像
Enemy []enemy;           //小敌机精灵数组
Enemy boss;              //大飞机
int iBossDirect=-1;      //boss移动的方向，1为向右，-1为向左
int enemyNum;            //敌机数量
int screenHeight;        //手机屏幕的高度
int screenWidth;         //手机屏幕的宽度
int type=0;              //敌机出现的排列类型
int enemyWidth = 24;     //敌机精灵帧的宽度
int enemyHeight = 22;    //敌机精灵帧的高度
boolean bSpeed;          //敌机飞行途中是否加速
int sumSpeed=0;          //累加速度；
LayerManager spriteManager;
Random rm=new Random();//定义随机对象
```

（2）定义构造方法。

```
EnemyManager(LayerManager spriteManager,int screenWidth,int screenHeight) {
    this.screenWidth=screenWidth;
    this.screenHeight=screenHeight;
    this.spriteManager=spriteManager;
}
```

（3）创建小飞机。

```
public void createEnemy(Graphics g,int enemyNum,String sEnemy,int enemyWidth,int
enemyHeight,int enemySpeed,int enemyBlood,int enemyPower){
    this.enemyNum=enemyNum;
    this.enemyWidth=enemyWidth;
    this.enemyHeight=enemyHeight;
    enemyImg =CommonFunction.createImage(sEnemy);//创建敌机精灵图像
    enemy=new Enemy[enemyNum];//创建敌机精灵数组
    for(int i=0;i<enemyNum;i++){
        enemy[i]=new Enemy(enemyImg,enemyWidth,enemyHeight,enemySpeed, enemyBlood,
enemyPower);//创建敌机精灵
        spriteManager.append(enemy[i]);
    }
    type=Math.abs(rm.nextInt()%5);//随机获得敌机的初始飞行排列形态
    initEnemyPosition(g);//调用方法初始化敌机的位置
}
//初始化敌机的出现坐标:以屏幕中间点向左右排列敌机，一前两后的排列，垂直从上到下，向左倾斜，向右倾斜
public void initEnemyPosition(Graphics g){
    int center;//屏幕中心点
    int space=2;//敌机之间的排列间隔
    int leftX=0,leftY=0;//向左方向进行排列的（x,y）坐标
```

```
            int rightX=0,rightY=0;//向右方向进行排列的（x,y）坐标
            int x=0,y=0;//敌机的（x,y）坐标
            Random rm=new Random();
            sumSpeed=0;//清空累加速度
            center=screenWidth/2;//屏幕宽度的中心
            leftX=center;//左边排列初始取值为屏幕宽度的中心
            rightX=center;//右边排列初始取值为屏幕宽度的中心
            x=center;
            enemy[0].setPosition(center, 0);
            enemy[0].setVisible(true);
            //定义一组敌机出现时的飞行排列
            for(int i=1;i<enemyNum;i++){
                enemy[i].setVisible(true);//设置敌机精灵为可见
                switch (type){
                  case 0://飞机并排出现
                      if(i%2==0){//其他敌机以屏幕宽度的中心轮流向左和向右进行排列
                            rightX=rightX+enemyWidth+space;
                            x=rightX;
                      }else{
                            leftX=leftX-enemyWidth-space;
                            x=leftX;
                      }
                      break;
                  case 1://一前两后的排列
                      if(i%2==0){
                            rightX=rightX+enemyWidth+space;
                            rightY=rightY+enemyImg.getHeight();
                            x=rightX;
                            y=rightY;
                      }else{
                            leftX=leftX-enemyWidth-space;
                            leftY=leftY+enemyImg.getHeight();
                            x=leftX;
                            y=leftY;
                      }
                      break;
                  case 2://垂直从上到下
                      x=center;
                      y=y+enemyImg.getHeight();
                      break;
                  case 3://向左倾斜
                      x=x-enemyWidth-space;
                      y=y+enemyImg.getHeight();
                      break;
                  case 4://向右倾斜
                      x=x+enemyWidth+space;
                      y=y+enemyImg.getHeight();
                      break;
                }
                enemy[i].setPosition(x, y);
                enemy[i].createBullet();
```

```
          if(rm.nextInt()%2==0 ){
              bSpeed=true;
          }else{
              bSpeed=false;
          }
      }
  }
```

（4）在屏幕上绘制小飞机。

```
public void drawEnemy(Graphics g) {
      int x=0,y=0;
          if(bSpeed){//如果需要加速度
              sumSpeed=sumSpeed+1;
          }
          for(int i=0;i<enemyNum;i++){
              y = enemy[i].getY() ;
              enemy[i].drawEnemy(g, screenHeight, type,sumSpeed);
          }
          if (y > screenHeight) {
              type=Math.abs(rm.nextInt()%5);//随机设置敌机的初始飞行排列形态
              initEnemyPosition(g);
          }
      }
```

（5）获得游戏中的小飞机。

```
public Enemy getEnemy(int i){
      return enemy[i];
  }
```

（6）创建大 Boss。

```
public void createBoss(String sBoss,int bossWidth,int bossHeight,int bossSpeed, int
bossBlood,int bossPower){
      Image bossImg;//boss 图像
      bossImg =CommonFunction.createImage(sBoss);//创建 boss 精灵图像
      //创建 boss 精灵
      boss=
          new Enemy(bossImg,bossWidth,bossHeight,bossSpeed, bossBlood,bossPower);
      boss.setFrame(0);
      boss.setVisible(false);
      spriteManager.append(boss);
  }
  //初始化 Boss 的位置
public void initBossPosition(Graphics g){
      boss.setVisible(true);
      boss.setPosition(screenWidth/2, 0);
      boss.createBullet();
  }
```

（7）在屏幕上绘制大 Boss。

```
public void drawBoss(Graphics g, int screenHeight){
      int x = 0, y = 0;
      x = boss.getX();
      if (x<=0){
          iBossDirect=1;
      }
      if(x+boss.getWidth()>=screenWidth){
```

```
        iBossDirect=-1;
    }
        boss.move(iBossDirect*boss.getSpeed(), 0);
        boss.bullet.drawBullet(g, screenHeight);
    //敌机的子弹已经过界，则重新发射子弹
    if (y>screenHeight || boss.bullet.vBullet.size() <= 0) {
        boss.createBullet();
    }
}
```

（8）获得游戏中的大 Boss。

```
public Enemy getBoss(){
    return boss;
}
```

# 任务七　开发主控制程序

## 一、任务分析

为了更好地控制游戏的主体逻辑，可以统一对游戏地图进行设置，对主角飞机、敌方飞机初始化，并在多线程中实现游戏的逻辑控制。要完成本次任务，需要思考如下 3 个问题。

（1）如何进行游戏的初始化，对资源进行加载？

（2）如何控制整个游戏的逻辑，例如小敌机和大敌机的出现时间、次数？

（3）如何读取玩家控制键盘的动作，并进行相应的处理？

## 二、相关知识

### 游戏的框架结构

游戏的主框架是游戏程序的核心，负责控制调配整个游戏的运转。一般游戏的基本流程是一个连续的循环，在这个循环里面反复按某种逻辑来绘制更新场景，并绘制画面。绝大多数游戏是帧驱动，而不是事件驱动。所以在主框架中需要进行帧控制，目的是保证在一个循环内完成必须的工作，同时也要保证执行每一帧内的任务所耗费时间大致相等，使得游戏画面看上去足够平滑。

下面介绍游戏主框架的主要模块的任务。

（1）游戏的初始化。主要是完成游戏资源的加载，各种游戏对象、变量取值的初始化，游戏运行环境的获取和设置，历史记录的读取等。

（2）游戏的主循环。执行游戏处理的主要代码，一直到满足退出条件才终止循环，例如：玩家选择退出游戏，玩家游戏失败，玩家最终完成游戏等。

① 获得游戏的输入信息。玩家通过按键、触摸屏单击等传递信息，系统通过监听的方式获取这些信息并进行预处理。

② 处理游戏的逻辑。按照游戏的规则进行操作，例如：增加新的游戏对象，减少旧的游戏对

象，定时触发任务，进行碰撞检测，物理运动，运用人工智能算法等。

③ 更新游戏的画面。将新的游戏数据以图形化方式绘制到屏幕界面上。每次循环更新的图形画面称为一帧，可以根据每次循环的时间来控制画面更新的速度。

（3）退出游戏。释放精灵、音乐、音效、网络连接等游戏资源。

下面给出游戏的主框架代码。

```java
import javax.microedition.lcdui.game.GameCanvas;
import javax.microedition.midlet.MIDlet;

/*
 * 游戏主框架
 */
public class GameFrame extends GameCanvas implements Runnable {
    //定义成员变量
    private boolean running;
    private int FRME_TIME=30;//一次游戏循环所需的时间，单位为毫秒

    public   GameFrame(MIDlet midlet){
        super(true);
        //初始化成员变量
        running=false;
        gameInit();//游戏初始化
    }
    //游戏初始化操作
    public void gameInit(){
        loadMap();//加载地图
        loadSound();//加载声音
        loadHero();//加载主角
        setLayer();//设置图层
    }
    public void run() {
        long timeOld,timeNow,span;
        boolean bSkip=false;//是否跳帧
        while(running){
            //自1970年1月1日0时起到现在的毫秒数
            timeOld=System.currentTimeMillis();
            if(!bSkip){
                keyInput();      //用户键盘输入处理
                gameLogic();     //游戏逻辑处理
                render();        //渲染图像画面
            }
            timeNow = System.currentTimeMillis();
            span=timeNow-timeOld;
            if(span<FRME_TIME){
                delay(FRME_TIME-span);
            }else{
                bSkip=true;
            }
        }
```

```
            release();//释放资源
        }
        //开始游戏
        public void start(){
            if(!running){
                running=true;
                new Thread(this).start();//启动线程
            }
        }
        //用户键盘输入处理
        public void keyInput(){
            …
        }
        //游戏逻辑处理
        public void gameLogic(){
            //游戏对象数据的更新，例如坐标、生命值、物品
            //加载 NPC
            //碰撞检测
            //特效效果处理
        }
        //渲染图像画面
        public void render(){
            //把游戏场景和游戏对象绘制到屏幕上
        }
        //延时帧处理
        public void delay(long time){
            try {
                Thread.sleep(time);
            } catch (InterruptedException e) {
                e.printStackTrace();
            }
        }

        public void release(){
            //释放资源
            System.gc();
        }

}
```

上面给出的是主场景的代码框架，具体到每个类的实现，实际上就是分别对应实现上述场景所需要的功能，下面以主角 Hero 为例。

```
public class Hero {
    //对 Hero 进行初始化
    public void init(){

    }
    //装载与 Hero 有关的资源
    public void load(){

    }
```

```
    //关于 Hero 的逻辑处理
    public void logic(){


    }
    //将 Hero 显示到屏幕上
    public void render(){


    }
    //处理 Hero 移动
    public void move(int x,int y){


    }
    //获取 Hero 的状态
    public int getStatus(){


    }
    //设置 Hero 的状态
    public int setStatus(int status){


    }
    //将 Hero 与其他对象进行碰撞检测
    public boolean checkCollision(){


    }

}
```

## 三、任务实施

下面定义主控制程序类 PlaneCanvas，该类继承于 GameCanvas 类。

（1）定义全局变量：游戏中的各种信息，例如，主角飞机的大小尺寸、敌机数量、大 Boss 生命值等。

```
    int screenWidth,screenHeight;
    GameMenu gameMenu;
    String sEnemy="/enemy.png";
    String sBoss="/boss.png";
    Image imgPause,imgContinue,imgReturn;
    Graphics g ;
    Sprite explode[];//我方、敌方飞机发射出的子弹引发的爆炸精灵
    boolean bExplode[],bExplodeOver[];//我方、敌方、Boss 飞机发射出的子弹引发的爆炸
    byte anchor=Graphics.LEFT|Graphics.TOP; //瞄点
    //----地图相关属性
    //图层管理器
private LayerManager layerManager;
//精灵层管理器
private LayerManager spriteManager;
//地图层
private TiledLayer tlMap;
```

```
//地图的总列数、总行数
private int tiledColCount = 8;
private int tiledRowCount = 130;
//地图每个贴砖的宽度和高度
private int tiledWidth = 30;
private int tiledHeight = 30;
//地图最顶点的纵坐标
private int mapY = 0;
//----我方飞机精灵相关属性
String sPlane="/plane.png";//飞机精灵用的图片文件
private int planeWidth = 24;//飞机帧宽度
private int planeHeight = 24;//飞机帧高度
Image planeImg;//飞机图像对象
private Plane plane;
//----敌方飞机精灵相关属性
EnemyManager enemyManager;//敌机管理器
private Enemy enemyPlane;//小飞机
private Enemy boss;//Boss飞机
int enemyWidth = 24;//敌机精灵帧的宽度
int enemyHeight = 22;//敌机精灵帧的高度
int enemyBlood=1;
private int enemyNum=3;
private int enemySpeed=3;//敌机的移动速度
private int enemyPower=1;
private int bossWidth = 65;
private int bossHeight = 50;
private int bossBlood=5;
private int bossSpeed=3;
private int bossPower=5;
private boolean bBoss;//Boss是否已经被创建
private int offset=2;//飞机向上移动的幅度
private long preKeyTime;//记录按下发射子弹的开始时间
//游戏运行状态：0表示游戏菜单界面，1表示游戏运行界面，2表示游戏暂停界面
private int status;
private Font largeFont=Font.getFont(Font.FACE_SYSTEM,Font.STYLE_BOLD,Font.SIZE_LARGE);
```

（2）在构造方法中实现对游戏对象的初始化。

```
public PlaneCanvas(int screenWidth,int screenHeight,GameMenu gameMenu ) {
    super(true);
    //设置为全屏
    this.setFullScreenMode(true);
    this.screenWidth=screenWidth;
    this.screenHeight=screenHeight;
        this.gameMenu=gameMenu;
    this.status=1;
    this.preKeyTime=-1000;
    g=this.getGraphics();
    imgPause=CommonFunction.createImage("/pause.png");
    imgContinue=CommonFunction.createImage("/continue.png");
```

```
imgReturn=CommonFunction.createImage("/return.png");
Image imgExplode = CommonFunction.createImage("/explode.png");
explode=new Sprite[3];
bExplode=new boolean[3];
bExplodeOver=new boolean[3];
for(int i=0;i<=2;i++){
    //创建爆炸精灵
    explode[i] = new Sprite(imgExplode, 37, 26);
    //设置爆炸精灵动画顺序
    explode[i].setFrameSequence(new int[] { 0, 1, 2, 3, 4 });
    bExplode[i]=false;
    bExplodeOver[i]=true;
}
//创建地图
PlaneMap planeMap=new PlaneMap();
tlMap=planeMap.getBackground();
mapY = tiledRowCount * tiledHeight-this.getHeight();
//创建图层管理器
layerManager = new LayerManager();
spriteManager=new LayerManager();
layerManager.append(tlMap);
//创建我方飞机
planeImg =CommonFunction.createImage(sPlane);//创建飞机图像
plane=new Plane(planeImg,planeWidth,planeHeight,screenWidth,screenHeight);
spriteManager.append(plane);
//创建敌机管理器
enemyManager=new EnemyManager(spriteManager,screenWidth,screenHeight);
enemyManager.createEnemy(g,3, sEnemy, enemyWidth, enemyHeight, enemySpeed,
enemyBlood,enemyPower);
enemyManager.createBoss(sBoss, bossWidth, bossHeight, bossSpeed, bossBlood,
bossPower);
    bBoss=false;

    new Thread(this).start();
}
```

（3）在多线程方法内实现对游戏的逻辑控制。

```
public void run() {
    boolean bRun = true;
    while (bRun) {
        if (status == 2) {
            drawButton(g);
            flushGraphics();
            continue;
        }
        //清除屏幕
        g.setColor(0xffffff);
        g.fillRect(0, 0, screenWidth, screenHeight);
        layerManager.setViewWindow(0, mapY, screenWidth, screenHeight);
        layerManager.paint(g, 0, 0);
        //地图随时间的变化向上移动
        //判断大 BOSS 是否应该出现
```

```
        if (mapY == 3400) {
            if (!bBoss) {
            enemyManager.initBossPosition(g);
            boss = enemyManager.getBoss();
            bBoss = true;//已经创建
        }
        enemyManager.drawBoss(g, screenHeight);
        bExplode[2] = plane.checkExplode(boss);
        if (bExplode[2]) {
            drawString(g, "成功过关", screenWidth / 2, screenHeight / 2,
                    anchor);
            flushGraphics();
            bRun = false;
            break;
        }
    } else {
        mapY--;
    }
    keyInput();
    drawButton(g);
    plane.drawBullet(g, screenHeight);
    for (int i = 0; i < enemyNum; i++) {
        enemyPlane = enemyManager.getEnemy(i);
        bExplode[1] = plane.checkExplode(enemyPlane);
        if (bExplode[1]) {
            explode[1]
                    .setPosition(enemyPlane.getX(), enemyPlane.getY());
            break;
        }
    }
    enemyManager.drawEnemy(g);
    bExplode[0] = enemyManager.checkExplode(plane, explode[0]);
    for (int i = 0; i <= 2; i++) {
        if (bExplodeOver[i]) {
            if (bExplode[i]) {
                bExplodeOver[i] = false;
            }
        }
        if (!bExplodeOver[i]) {
            bExplodeOver[i] = CommonFunction.Explode(g, explode[i]);
        }
    }
    //检测我方飞机是否被击中
    if (!plane.isVisible()) {
        if (plane.getLife() > 1) {
            if (bExplodeOver[0]) {
                plane.decreaseLife();
                //更改位置
                if (plane.getX() < screenWidth / 2) {
                    plane.setPosition(screenWidth - plane.getWidth(),
                            screenHeight - plane.getHeight());
                } else {
                        plane.setPosition(0, screenHeight
```

```
                                              - plane.getHeight());
                       }
                       plane.setVisible(true);
                   }
              } else {//游戏结束
                       drawString(g, "游戏结束", screenWidth / 2, screenHeight / 2,
                           anchor);
              }
          }
          spriteManager.paint(g, 0, 0);
          if (bBoss) {
              if (boss.halfblood > boss.blood) {
                   boss.setFrame(1);
              } else {
                   boss.setFrame(0);
              }
          }
          //双缓冲向屏幕绘制
          flushGraphics();
          //控制向上移动的时间频率
          try {
              Thread.sleep(50);
          } catch (Exception ex) {
              ex.printStackTrace();
          }
      }
  }
```

（4）绘制游戏图片按钮。

```
void drawButton(Graphics g) {
    if (status == 1) {
        g.drawImage(imgPause, 0, screenHeight, Graphics.BOTTOM
                | Graphics.LEFT);
    } else if (status == 2) {
        g.drawImage(imgContinue, 0, screenHeight, Graphics.BOTTOM
                | Graphics.LEFT);
        flushGraphics();
    }
    g.drawImage(imgReturn, screenWidth, screenHeight, Graphics.BOTTOM
                | Graphics.RIGHT);
}
```

（5）绘制屏幕信息。

```
void drawString(Graphics g, String text, int x, int y, byte anchor) {
    g.setFont(largeFont); //设置字体
    g.setColor(0xFF0033); //设置红色字体
    g.drawString(text, x, y, anchor);
}
```

（6）按键监听方法（监听左右功能键）。

```
public void keyPressed(int keyCode) {
    switch (keyCode) {
    case -6:
        if (status == 1) {
```

```
            status = 2;
        } else if (status == 2) {
            status = 1;
        }
        break;
    case -7:
        status = 0;
        CommonFunction.display.setCurrent(gameMenu());
        break;
    }
}
```

（7）按键处理方法。

```
private void keyInput() {
    //飞机的当前坐标
    int x = plane.getX();
    int y = plane.getY();
    //得到按键状态值
    int keystate = this.getKeyStates();
    //按向上键，前进
    if ((keystate & UP_PRESSED) != 0) {
        plane.setFrame(1);
        if (y > 0) {
            if (y < offset)
                offset = y - mapY;
            plane.move(0, -offset);
        }
    }
    //按向下键，后退
    if ((keystate & DOWN_PRESSED) != 0) {
        plane.setFrame(1);
        //飞机精灵底部纵坐标
        int planebY = y + plane.getHeight();
        if (planebY < screenHeight) {
            if (screenHeight - planebY < offset)
                offset = screenHeight - planebY;
            plane.move(0, offset);
        }
    }
    //按左键，向左飞
    if ((keystate & LEFT_PRESSED) != 0) {
        if (x > 0) {
            if (x < offset)
                offset = x;
            plane.setFrame(0);
            plane.move(-offset, 0);
        }
    }
    //按右键，向右飞
    if ((keystate & RIGHT_PRESSED) != 0) {
        if (x + plane.getWidth() < screenWidth) {
```

```
                                if (x + offset > screenWidth)
                                        offset = screenWidth - x;
                                plane.setFrame(2);
                                plane.move(offset, 0);
                        }
                }
                //中间键,发射子弹
                if ((keystate & FIRE_PRESSED) != 0 & plane.isAlive()) {
                        //控制发射子弹的频率
                        if (System.currentTimeMillis() - preKeyTime >= 1000) {
                                preKeyTime = System.currentTimeMillis();
                                plane.createBullet();
                        }
                }
                // 不按键
                if (keystate == 0) {
                        plane.setFrame(1);
                }
        }
```

# 任务八　添加声音

## 一、任务分析

为了游戏更具有吸引力，往往需要伴随着情节的发展在游戏中播放各种声音，例如，背景音乐，子弹发射声音，爆炸的声音等。要完成本次任务，需要思考的关键问题是如何在 Java ME 中控制声音的播放。

## 二、相关知识

### （一）MMAPI 主要组件

MMAPI（The Mobile Media API）是一个可选包，在移动设备上提供声音、视频等多媒体的支持，这些类和接口都放在 javax.microedition.media 中。

使用 MMAPI 播放多媒体都需要创建一个 Player 对象，创建的方法是使用 Manager 类的 CreatePlayer 函数创建 Player 对象。下面对 Manager 类进行介绍。

Manager 是一个最终类，里面的方法都是静态方法，不需要生成对象就可以直接调用。

（1）createPlayer（InputStream stream, String type）：创建一个 Player 对象。参数 stream 表示多媒体的字节流，参数 type 表示多媒体的类型。

（2）createPlayer（String locator）：创建一个 Player 对象。参数 locator 表示多媒体文件存放的路径。

（3）getSupportedContentTypes（String protocol）：根据给定的协议返回所支持的内容类型。参数 protocol 表示协议名，如果取值为 null，则返回所有的内容类型。

（4）getSupportedProtocols（String content_type）：根据给定的内容类型返回所支持的协议。参数 content_type 表示内容类型。

Player 类用于控制和渲染特定数据类型的媒体，相当于一个多媒体播放器。Player 对象的生命周期共经历 UNREALIZED、REALIZED、PREFETCHED、STARTED 和 CLOSED 5 个状态（见图 5-43）。可以使用 Player 对象中的方法在不同的状态进行切换。

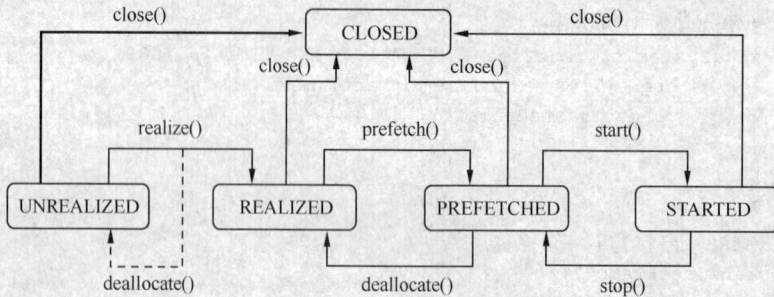

图 5-43　Player 对象状态图

UNREALIZED 状态：播放器最开始进入的状态，此时缺乏媒体信息。

REALIZED 状态：该状态下，Player 获得能够用于请求媒体资源所需要的信息。进入 REALIZED 状态时，可能需要和服务器通信，读取文件或者与一组对象进行交互，这将可能耗费较长的时间。

PREFETCHED 状态：在 REALIZED 状态下，Player 还需要一些比较耗时的操作，如请求稀少资源，将媒体信息写入缓冲区或者做一些开始播放前的处理工作。

STARTED 状态：Player 正在运行以及处理数据。

CLOSED 状态：Player 释放所有的资源。

下面对 Player 类的主要方法进行讨论。

（1）addPlayerListener（PlayerListener playerListener）：为 Player 增加监听器。

（2）close()：关闭播放器，并释放所有的资源。

（3）deallocate()：释放稀缺或独占的资源，例如音频设备。

（4）getContentType()：获得正在播放的媒体内容类型。

（5）getDuration()：返回媒体的持续时间。

（6）getMediaTime()：返回播放器的当前媒体时间。

（7）getState()：返回 Player 的当前状态。

（8）prefetch()：请求稀缺或专用资源并处理尽可能多的必要数据，以便于减少开始的延时。

（9）realize()：部分构建 Player 对象，不请求稀缺或专用资源。一般用于网络下载媒体资源时的预处理。

（10）removePlayerListener（PlayerListener playerListener）：从播放器中移除监听器。

（11）setLoopCount（int count）：设置循环播放的次数。

（12）setMediaTime（long now）：设置播放器的媒体时间。

（13）start()：开始播放媒体。

（14）stop()：停止播放媒体。

　　一个 Player 对象可以通过 Manager 类的 createPlayer 方法创建。创建以后，调用 start 方法即可开始播放声音。

　　下面举例说明音乐播放的一般步骤。

　　方法一：以流方式播放本地声音文件。

```
// Manager.class. getClass()取得 Manager 类对应的 Class 对象
// getResourceAsStream()方法是以字节流读取特定的资源
InputStream is = Manager.class. getClass().getResourceAsStream("/music.wav");
Player player = Manager.createPlayer(is, "audio/x-wav");//创建一个 Player 对象
player.start();
```

　　方法二：打开存储在网络上的音乐文件。

```
Player player = Manager.createPlayer("http://webserver//music.wav");
player.start();
```

## （二）常见媒体的播放

　　MMAPI 支持的多媒体类型都是 MIME 类型，可到网站 http://www.iana.org/assignments/media-types/ 上查询。下面代码可以列出 MMAPI 支持的媒体类型。

```
String []contentType = Manager.getSupportedContentTypes(null);
for(int i =0; i < contentType.length; i ++){
    System.out.println("contengtype:"+contentType[i]);
}
```

　　程序运行后将会列出：video/mpeg 和 audio/midi 等常见的媒体类型（见图 5-44）。

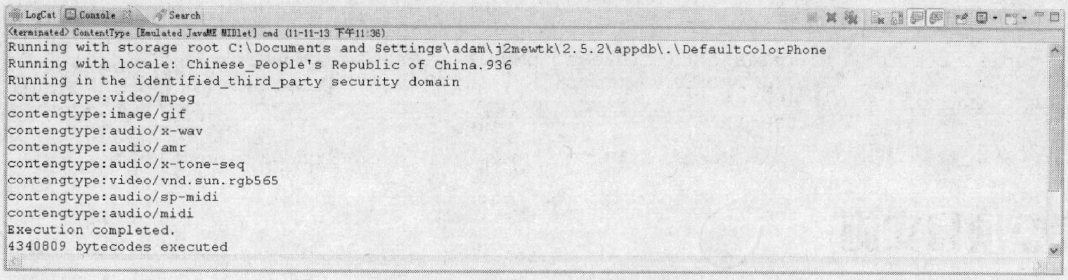

图 5-44　Java ME 支持的媒体类型

# 三、任务实施

　　由于声音处理操作通常是一个公用的操作，可以将它放到 CommonFunction 类中，以便于更好地被共用。声音的处理主要分为创建、播放、停止和释放 4 个操作。

　　（1）创建音乐。

```
public static Player createMusic(String name, String format) {
    InputStream iMusic;
    Player pMusic;
    try {
        iMusic = Manager.class.getClass().getResourceAsStream(name); //创建音频流
        pMusic = Manager.createPlayer(iMusic, format);                //创建播放器
        return pMusic;
```

```
        } catch (Exception ex) {
            ex.printStackTrace();
        }
        return null;
}
```

（2）播放游戏音乐。

```
public static void playMusic(Player pMusic){
        try{    //如果播放器未播放，就播放音乐
            if(pMusic!=null && pMusic.getState()!=pMusic.STARTED){
                pMusic.start();
            }
        }catch(Exception e){
            e.printStackTrace();
        }
}
```

（3）停止播放游戏。

```
public static void stopMusic(Player pMusic){
        try {   //如果播放器正在播放，就停止播放
            if(pMusic!=null && pMusic.getState()==pMusic.STARTED){
                pMusic.stop();
                pMusic.deallocate();
            }
        } catch (MediaException ex) {
            ex.printStackTrace();
        }
}
```

（4）释放游戏音乐资源。

```
public static void releaseMusic(Player pMusic){
        stopMusic(pMusic);
        pMusic.close();
}
```

# 完整项目实施

飞机射击程序由多个类组成，下面分别对每个类的实现做详细介绍。

（1）公共函数类：CommonFunction。

```
import java.io.IOException;
import java.io.InputStream;
import javax.microedition.lcdui.Display;
import javax.microedition.lcdui.Graphics;
import javax.microedition.lcdui.Image;
import javax.microedition.lcdui.game.Sprite;
import javax.microedition.media.Manager;
import javax.microedition.media.MediaException;
import javax.microedition.media.Player;
import javax.microedition.midlet.MIDlet;

public class CommonFunction {
    //MIDlet 实例
    public static MIDlet midlet;
    //显示设备
```

```
public static Display display;
//创建图片
public static Image createImage(String ImageName) {
    try {
        return Image.createImage(ImageName);
    } catch (IOException ex) {
        ex.printStackTrace();
    }
    return null;
}
/*创建音乐*/
public static Player createMusic(String name, String format) {
    InputStream iMusic;
    Player pMusic;
    try {
        iMusic = Manager.class.getClass().getResourceAsStream(name); //创建音频流
        pMusic = Manager.createPlayer(iMusic, format); //创建播放器
        return pMusic;
    } catch (Exception ex) {
        ex.printStackTrace();
    }
    return null;
}
/* 播放游戏音乐 */
public static void playMusic(Player pMusic){
    try{    //如果播放器未播放，就播放音乐
        if(pMusic!=null && pMusic.getState()!=pMusic.STARTED){
            pMusic.start();
        }
    }
    catch(Exception e){
        e.printStackTrace();
    }
}
/* 停止播放游戏音乐*/
public static void stopMusic(Player pMusic){
    try {    //如果播放器正在播放，就停止播放
        if(pMusic!=null && pMusic.getState()==pMusic.STARTED){
            pMusic.stop();
            pMusic.deallocate();
        }
    } catch (MediaException ex) {
        ex.printStackTrace();
    }
}
/*释放游戏音乐资源*/
public static void releaseMusic(Player pMusic){
    stopMusic(pMusic);
    pMusic.close();
}
//爆炸效果处理
public static boolean Explode(Graphics g, Sprite explode) {
```

```
        explode.move(0, 1);
        explode.paint(g);
        explode.nextFrame();
        if (explode.getFrame() == explode.getFrameSequenceLength()-1) {
            return true;//爆炸效果结束
        } else {
            return false;//爆炸效果未结束
        }
    }
}
```

（2）飞机射击游戏运行的 MIDlet 类：PlaneMidlet。

```
import javax.microedition.lcdui.Display;
import javax.microedition.midlet.MIDlet;
import javax.microedition.midlet.MIDletStateChangeException;
public class PlaneMidlet extends MIDlet {
    public Display display;
    public PlaneMidlet() {
        // TODO Auto-generated constructor stub
        display = Display.getDisplay(this);
    }
    protected void startApp() throws MIDletStateChangeException {
        display.setCurrent(new GameMenu());
        CommonFunction.midlet=this;
        CommonFunction.display=display;
    }
    protected void destroyApp(boolean arg0) throws MIDletStateChangeException {
        // TODO Auto-generated method stub
    }
    protected void pauseApp() {
        // TODO Auto-generated method stub
    }
}
```

（3）游戏菜单界面处理类：Game Menu。

```
import java.io.InputStream;
import javax.microedition.lcdui.Canvas;
import javax.microedition.lcdui.Graphics;
import javax.microedition.lcdui.Image;
import javax.microedition.lcdui.game.Sprite;
import javax.microedition.media.Manager;
import javax.microedition.media.Player;
import javax.microedition.media.control.VolumeControl;
import javax.microedition.midlet.MIDlet;

public class GameMenu extends Canvas {
    Image menuImage; //菜单按钮图形文件
    int menuIndex; //当前菜单项索引
    int menuNum = 4; //菜单项数
    int menuWidth = 150; //每个菜单子项的宽度
    int menuHeight = 30; //每个菜单子项的高度
```

```
        int heightSpan=10;//每个菜单子项的间隔
        int menuX, menuY;                           //菜单项坐标
        int screenWidth, screenHeight;              //屏幕
        boolean bOpenSound;                         //是否打开音效
        private Player pMusic;                       //多媒体播放器对象
        private VolumeControl control;              //声明音量控制器
        byte anchor = Graphics.LEFT | Graphics.TOP;  //瞄点

        public GameMenu() {
            this.setFullScreenMode(true);
            screenWidth = this.getWidth();
            screenHeight = this.getHeight();
            menuIndex = 1;
            //菜单坐标放在屏幕的中间
            menuX = (screenWidth - menuWidth) / 2;
            menuY = (screenHeight - menuNum * menuHeight-(menuNum-1)*heightSpan) / 2;
            bOpenSound = false;
            menuImage = CommonFunction.createImage("/menu.png");
            pMusic = CommonFunction.createMusic("/music.mid", "audio/midi");
        }

        protected void paint(Graphics g) {
            drawMenu(g);
        }

        public void drawMenu(Graphics g) {
            for (int i = 1; i <= menuNum; i++) {
                if (i == menuIndex) {
                    if (menuIndex == 2) {
                        if (!bOpenSound) {
                            g.drawRegion(menuImage, menuWidth * 2 * menuNum, 0,menuWidth,
menuHeight, Sprite. TRANS_NONE, menuX, menuY+(menuHeight+heightSpan)* (i-1), anchor);
                            continue;
                        }
                    }
                    g.drawRegion(menuImage, menuWidth * 2 * (i - 1), 0, menuWidth,
menuHeight, Sprite.TRANS_NONE, menuX, menuY+(menuHeight+heightSpan)* (i-1), anchor);
                } else {
                    if (i == 2) {
                        if (!bOpenSound) {
                            g.drawRegion(menuImage, menuWidth * (2*menuNum+1),0, menuWidth,
menuHeight, Sprite.TRANS_NONE, menuX, menuY+(menuHeight+heightSpan)* (i-1), anchor);
                            continue;
                        }
                    }
                    g.drawRegion(menuImage, menuWidth * (2 * i - 1), 0, menuWidth, menuHeight,
Sprite.TRANS_NONE, menuX, menuY+(menuHeight+heightSpan)* (i-1), anchor);
                }

            }

            try {
```

```
                if (bOpenSound) {
                        CommonFunction.playMusic(pMusic);
                } else {
                        CommonFunction.stopMusic(pMusic);
                }
        } catch (Exception ex) {
            ex.printStackTrace();
        }
    }.

    protected void keyPressed(int keyCode) {
        super.keyPressed(keyCode);
        int action = this.getGameAction(keyCode);
        switch (action) {
        case Canvas.DOWN: //按下向下键
            if (menuIndex >= menuNum) {
                menuIndex = 1;
            } else {
                menuIndex++;
            }
            break;
        case Canvas.UP: //按下向上键
            if (menuIndex <= 1) {
                    menuIndex = menuNum;
            } else {
                    menuIndex--;
            }
            break;
        case Canvas.FIRE: //按下 Fire 键
            //根据当前选择的菜单索引值，进行相应处理
            switch (menuIndex) {
            case 1: //选择"开始游戏"的处理代码
                CommonFunction.display.setCurrent(new GameManager(screenWidth,
                        screenHeight,this));
                break;
            case 2: //选择"设置音乐"的处理代码
                if (bOpenSound)
                        bOpenSound = false;
                else
                        bOpenSound = true;
                break;
            case 3: //选择"帮助"的处理代码
                break;

            case 4: //选择"退出"的处理代码
                CommonFunction.midlet.notifyDestroyed();
                break;
            }
            break;
        }
```

```
        repaint();
    }

}
```

（4）地图管理类：PlaneMap。

```java
import javax.microedition.lcdui.Image;
import javax.microedition.lcdui.game.TiledLayer;
public class PlaneMap {
    //地图源图片
    Image imgMap;
    //地图层
    private TiledLayer tlMap;
    //地图的总列数、总行数
    private int tiledColNum = 8;
    private int tiledRowNum = 130;
    //地图每个贴砖的宽度和高度
    private int tiledWidth = 30;
    private int tiledHeight = 30;
    //使用二维数组存储贴砖索引数据，该数据可由Mappy软件自动生成
    static byte[][] MapData = { { 6, 6, 6, 6, 6, 6, 6, 21 },
        { 29, 6, 6, 6, 29, 6, 6, 27 }, { 6, 21, 22, 6, 6, 23, 6, 6 },
        { 6, 27, 28, 6, 6, 6, 1, 2 }, { 6, 6, 6, 6, 6, 6, 7, 8 },
        { 29, 6, 6, 6, 6, 6, 13, 14 }, { 6, 6, 6, 6, 6, 6, 6, 6 },
        { 6, 6, 6, 6, 6, 6, 6, 6 }, { 6, 6, 6, 6, 6, 21, 22, 29 },
        { 6, 4, 5, 6, 6, 27, 28, 6 }, { 6, 10, 11, 6, 6, 12, 6 },
        { 6, 16, 17, 6, 6, 6, 18, 6 }, { 21, 22, 6, 6, 6, 6, 6, 6 },
        { 27, 28, 29, 6, 6, 21, 22, 6 }, { 6, 23, 6, 6, 6, 27, 28, 6 },
        { 29, 6, 6, 6, 12, 6, 6, 6 }, { 6, 19, 20, 6, 18, 6, 19, 20 },
        { 6, 25, 26, 6, 6, 6, 25, 26 }, { 6, 6, 6, 6, 23, 6, 6, 6 },
        { 6, 6, 21, 22, 6, 6, 6, 6 }, { 6, 6, 27, 28, 6, 6, 6, 6 },
        { 12, 6, 6, 1, 2, 3, 6, 21 }, { 18, 6, 6, 7, 8, 9, 6, 27 },
        { 6, 6, 6, 13, 14, 15, 6, 6 }, { 22, 21, 22, 6, 6, 6, 6, 29 },
        { 28, 27, 28, 6, 6, 6, 6, 6 }, { 6, 6, 6, 6, 6, 6, 19, 20 },
        { 4, 5, 6, 29, 6, 6, 25, 26 }, { 10, 11, 6, 6, 6, 6, 21, 22 },
        { 16, 17, 23, 6, 6, 6, 27, 28 }, { 6, 21, 22, 6, 6, 6, 12, 6 },
        { 6, 27, 28, 23, 6, 6, 18, 6 }, { 6, 6, 6, 23, 23, 6, 6, 29 },
        { 6, 6, 6, 6, 6, 6, 19, 20 }, { 3, 29, 6, 6, 6, 6, 25, 26 },
        { 9, 6, 6, 6, 21, 22, 6, 23 }, { 15, 6, 6, 6, 27, 28, 6, 6 },
        { 6, 6, 6, 6, 6, 6, 23, 6 }, { 6, 19, 20, 6, 6, 6, 6, 6 },
        { 6, 25, 26, 6, 6, 6, 21, 22 }, { 6, 6, 6, 6, 6, 6, 27, 28 },
        { 6, 6, 6, 1, 2, 3, 6 }, { 6, 6, 6, 6, 7, 8, 9, 6 },
        { 6, 21, 22, 6, 13, 14, 15, 6 }, { 6, 27, 28, 6, 6, 6, 6, 6 },
        { 23, 6, 6, 6, 6, 6, 6, 6 }, { 6, 6, 6, 6, 6, 6, 12, 6 },
        { 6, 6, 6, 6, 6, 29, 18, 21 }, { 19, 20, 6, 6, 6, 6, 6, 27 },
        { 25, 26, 6, 4, 5, 6, 19, 20 }, { 22, 6, 6, 10, 11, 6, 25, 26 },
        { 28, 6, 12, 16, 17, 6, 6, 6 }, { 6, 6, 18, 6, 6, 6, 6, 6 },
        { 6, 6, 6, 6, 6, 21, 22, 6 }, { 29, 6, 6, 6, 6, 27, 28, 29 },
        { 6, 6, 6, 6, 6, 6, 6, 6 }, { 6, 12, 6, 19, 20, 6, 6, 6 },
        { 6, 18, 6, 25, 26, 6, 6, 6 }, { 6, 6, 6, 6, 6, 6, 6, 29 },
        { 6, 21, 22, 6, 6, 6, 6, 21 }, { 23, 27, 28, 6, 6, 6, 6, 27 },
        { 23, 6, 6, 6, 6, 6, 29, 6 }, { 6, 6, 6, 4, 5, 6, 21, 22 },
        { 19, 20, 6, 10, 11, 6, 27, 28 }, { 25, 26, 6, 16, 17, 6, 6, 6 },
        { 6, 6, 21, 22, 6, 6, 19, 20 }, { 6, 6, 27, 28, 6, 6, 25, 26 },
```

```
            { 6, 6, 6, 6, 6, 6, 6, 6 }, { 6, 6, 6, 12, 6, 6, 1, 2 },
            { 6, 29, 6, 18, 6, 6, 7, 8 }, { 6, 19, 20, 6, 6, 6, 13, 14 },
            { 6, 25, 26, 6, 6, 6, 6, 6 }, { 6, 6, 6, 6, 6, 6, 6, 6 },
            { 6, 23, 6, 6, 6, 6, 6, 12 }, { 6, 6, 23, 21, 22, 6, 12, 18 },
            { 6, 6, 6, 27, 28, 12, 18, 6 }, { 6, 23, 6, 6, 6, 18, 6, 21 },
            { 21, 22, 6, 6, 29, 6, 6, 27 }, { 27, 28, 6, 6, 6, 6, 6, 6 },
            { 6, 6, 6, 6, 6, 6, 6, 6 }, { 6, 6, 4, 5, 12, 6, 6, 6 },
            { 6, 6, 10, 11, 18, 6, 6, 6 }, { 19, 20, 16, 17, 6, 6, 19, 20 },
            { 25, 26, 6, 6, 6, 6, 25, 26 }, { 6, 6, 6, 6, 6, 6, 6, 6 },
            { 6, 6, 6, 6, 6, 29, 6, 6 }, { 22, 23, 6, 6, 6, 6, 6, 6 },
            { 28, 6, 6, 12, 4, 5, 12, 6 }, { 6, 6, 6, 18, 10, 11, 18, 6 },
            { 6, 6, 6, 6, 16, 17, 6, 6 }, { 29, 6, 6, 6, 6, 6, 6, 21 },
            { 2, 3, 6, 6, 6, 6, 6, 27 }, { 8, 9, 6, 6, 6, 6, 6, 6 },
            { 14, 15, 6, 6, 29, 23, 6, 6 }, { 6, 19, 20, 6, 6, 21, 22, 23 },
            { 6, 25, 26, 6, 6, 27, 28, 6 }, { 6, 6, 6, 6, 6, 6, 6, 6 },
            { 12, 6, 6, 6, 6, 6, 6, 1 }, { 18, 6, 23, 6, 6, 6, 6, 7 },
            { 6, 6, 6, 23, 6, 6, 6, 13 }, { 21, 22, 6, 6, 21, 22, 6, 6 },
            { 27, 28, 6, 6, 27, 28, 19, 20 }, { 6, 29, 6, 6, 6, 6, 25, 26 },
            { 6, 6, 29, 23, 6, 6, 6, 6 }, { 6, 6, 6, 6, 6, 6, 6, 4 },
            { 6, 6, 6, 21, 22, 6, 6, 10 }, { 29, 6, 6, 27, 28, 6, 6, 16 },
            { 6, 6, 6, 1, 2, 3, 6, 6 }, { 12, 6, 6, 7, 8, 9, 6, 6 },
            { 18, 12, 6, 13, 14, 15, 6, 6 }, { 6, 18, 12, 6, 6, 6, 6, 23 },
            { 6, 6, 18, 6, 6, 6, 6, 6 }, { 6, 6, 6, 29, 6, 6, 21, 22 },
            { 22, 6, 6, 6, 6, 6, 27, 28 }, { 28, 23, 6, 6, 6, 6, 6, 6 },
            { 3, 6, 6, 6, 6, 6, 6, 6 }, { 9, 6, 6, 6, 6, 6, 6, 6 },
            { 15, 6, 6, 29, 6, 6, 23, 23 }, { 6, 21, 22, 6, 6, 12, 6, 23 },
            { 6, 27, 28, 6, 6, 18, 6, 6 }, { 6, 6, 6, 6, 6, 12, 6, 6 },
            { 6, 29, 6, 6, 18, 6, 6, 6 }, { 6, 6, 6, 6, 6, 12, 6, 6 },
            { 6, 1, 2, 3, 6, 18, 6, 6 }, { 6, 7, 8, 9, 6, 6, 6, 6 },
            { 29, 13, 14, 15, 21, 22, 29, 6 }, { 6, 23, 6, 6, 27, 28, 6, 6 },
            { 6, 6, 29, 6, 6, 6, 6, 23 }, { 29, 23, 6, 6, 29, 6, 23, 29 },
            { 21, 22, 23, 23, 6, 23, 29, 6 } };
        public TiledLayer getBackground(){
            if (tlMap == null) {
                imgMap=CommonFunction.createImage("/map.png");
                tlMap = new TiledLayer(tiledColNum, tiledRowNum, imgMap, tiledWidth,
tiledHeight);
            for (int row = 0; row < tiledRowNum; row++) {
                for (int col = 0; col < tiledColNum; col++) {
                    tlMap.setCell(col, row, MapData[row][col]);
                }
            }
        }
        return tlMap;
    }
}
```

（5）子弹类：Bullet。

```
import java.util.Vector;
import javax.microedition.lcdui.Graphics;
import javax.microedition.lcdui.Image;
import javax.microedition.lcdui.game.Sprite;

public class Bullet {
```

```java
Image imgBullet; //子弹图像
Sprite fire; //子弹精灵
int power;//子弹火力
int direction;//子弹方向
int bulletSpeed;//子弹速度
public Vector vBullet = new Vector(0);//子弹队列
Bullet(String imageName,int direction,int bulletSpeed) {
    imgBullet=CommonFunction.createImage(imageName);
    this.bulletSpeed=bulletSpeed;
    this.direction=direction;
}
int getWidth(){
    return this.imgBullet.getWidth();
}
int getHeight(){
    return this.imgBullet.getHeight();
}
/**
 * 创建子弹
 */
public void createBullet(int x,int y) {
    fire = new Sprite(imgBullet, imgBullet.getWidth(), imgBullet.getHeight());
    fire.setPosition(x, y);//设置子弹的初始位置
    vBullet.addElement(fire);//加入子弹队列
}
/**
 * 移除子弹
 */
public void removeBullet(int i) {
    if(i<vBullet.size()){
        vBullet.removeElementAt(i);
    }else{
        System.out.println("所指定删除的子弹不存在");
    }
}
/**
 * 在屏幕上画子弹
 */
public void drawBullet(Graphics g,int screenHeight) {
    int count = this.vBullet.size() - 1;
    int x,y;
    for (int i = count; i >= 0; i--) {
        //将 vector 对象取出的数据进行强制类型转换
        Sprite temp = (Sprite)vBullet.elementAt(i);
        //设置子弹的 y 坐标
        if(direction>0){//向下，实际就是敌机发射的子弹
            y = temp.getY();
        }else{ //向上，实际是我方飞机发射的子弹
            y = temp.getY() + temp.getHeight();
        }
        if ((y<0 && direction<0)||(y>screenHeight && direction>0) ){
```

```
                        //子弹超出屏幕边界，将被移除掉
                        removeBullet(i);
                        System.gc();//告诉垃圾回收机制，需要回收内存
                        Thread.yield();//暂停以便利用垃圾回收机制回收内存
                } else {
                        temp.paint(g);//向屏幕绘制子弹
                        temp.move(0, bulletSpeed);//子弹进行移动
                        vBullet.setElementAt(temp, i);//更改集合中相应的子弹信息
                }
            }
    }

    /**
     * 子弹与攻击对象的碰撞检测，如果命中，则发生爆炸
     */
    public boolean checkExplode(Sprite opponent) {
        int count = this.vBullet.size() - 1;//获取集合中子弹的数量
        for (int i = count; i >= 0; i--) {
            Sprite bullet = (Sprite) vBullet.elementAt(i);
            if (bullet.collidesWith(opponent, true)){//进行碰撞检测
                vBullet.removeElementAt(i);
                return true;//表示子弹击中目标
            }
        }
        return false;//表示子弹没有击中目标
    }

}
```

（6）主角飞机类：Plane。

```
import javax.microedition.lcdui.Graphics;
import javax.microedition.lcdui.Image;
import javax.microedition.lcdui.game.Sprite;

public class Plane extends Sprite {
    private String sBullet="/bullet.png"; //子弹精灵用的图片文件
    private int life=3;//飞机精灵的生命次数
    private int planeX; //飞机的 X 坐标
    private int planeY;//飞机的 Y 坐标
    Bullet bullet;//子弹对象
    private int bulletStep=-2;//子弹的移动速度
    Plane(Image img,int width,int height,int screenWidth,int screenHeight){
        super(img,width,height);//调用父类 Sprite 的构造方法
        this.setFrame(1);//取第一帧作为精灵的显示图像
        //注意，缺省的参考坐标是图像的左上角
        planeX=screenWidth/2-width/2;//飞机的 X 坐标为屏幕宽度的中间
        planeY=screenHeight-height;//飞机的 Y 坐标为屏幕的底部
        this.setPosition(planeX, planeY);//初始化飞机的坐标
```

```
                //创建飞机的子弹对象
                bullet=new Bullet(sBullet,-1,bulletStep);
        }
        public boolean isAlive(){
                if (life>0)
                    return true;
                else
                    return false;
        }
        public int getLife(){
                return life;
        }
        public void decreaseLife(){
                life--;
        }
        public boolean checkExplode(Enemy opponent) {
                boolean bExplode;
                int blood;
                //判断子弹是否命中
                bExplode= bullet.checkExplode(opponent);
                //如果命中，则进一步判断
                if(bExplode){
                        blood=opponent.getBlood();
                        //判断敌机的生命值
                        if(blood>1){
                                //敌机还有生命值，则减少它的生命值
                                blood--;
                                opponent.setBlood(blood);
                                //显示敌机的第2帧
                                opponent.setFrame(1);
                                return false;
                        }else{
                                //将敌机设置为不可见，在界面上看起来敌机被消灭掉了
                                opponent.setVisible(false);
                                return true;
                        }
                }else{
                        return false;
                }
        }
        public void drawBullet(Graphics g,int screenHeight) {
                bullet.drawBullet(g, screenHeight);
        }
        public void createBullet(){
                int bulletX = this.getX() + this.getWidth()/2-bullet.imgBullet.getWidth()/2;
                //采用的是屏幕坐标，并要求从飞机的头部发射，所以要进行转换
                int bulletY = this.getY() - bullet.imgBullet.getHeight() - bulletStep;
                bullet.createBullet(bulletX, bulletY);
        }
}
```

（7）爆炸控制类：ExplodeSprite。

```
import javax.microedition.lcdui.Image;
import javax.microedition.lcdui.game.Sprite;
```

```java
public class ExplodeSprite extends Sprite {
    public ExplodeSprite(Image image, int frameWidth, int frameHeight) {
        super(image, frameWidth, frameHeight);
    }
    public void showExplore(int x,int y,int[] frame){
        //设置爆炸精灵动画顺序
        setFrameSequence(frame);
        //设置爆炸精灵的位置
        setPosition(x,y);
    }
}
```

（8）敌机类：Enemy。

```java
import javax.microedition.lcdui.Graphics;
import javax.microedition.lcdui.Image;
import javax.microedition.lcdui.game.Sprite;

public class Enemy extends Sprite {
    String imageName = "/bulletEnemy.png";//敌机精灵所用的图片文件名
    Bullet bullet;//敌机精灵子弹
    int blood;//敌机的生命值, 如果大于1, 即使被击中也没有消失, 若blood为1, 被打中就会消失掉
    int halfblood;//失去一半血后变颜色
    int num;//敌机数量
    int speed;//敌机速度
    int type;//飞机的类型
    int power;//一次发射子弹数量
    Enemy(Image img, int width, int height, int speed, int blood,int power) {
        super(img, width, height);//调用父类Sprite的构造方法
        this.speed = speed;
        this.power=power;
        this.blood=blood;
        this.halfblood=blood/2;
        bullet = new Bullet(imageName, 1, speed + 2);//创建子弹精灵
    }
    public boolean isAlive(){
        if(blood>0)
            return true;
        else
            return false;
    }
    public void setBlood(int blood) {
        this.blood = blood;
    }
        public int getBlood() {
        return this.blood;
    }
    public void setSpeed(int speed){
        this.speed=speed;
    }
    public int getSpeed(){
```

```
        return this.speed;
    }

    //初始化敌机子弹位置：在坐标取值上应考虑到敌机、子弹的宽度
    public void createBullet() {
        int leftX=0,leftY=0;//从左方向进行排列的x,y坐标
        int space=2;//子弹之间的排列间隔
        int rightX=0,rightY=0;//从右方向进行排列的x,y坐标
        int x=0,y=0;//敌机的x,y坐标
        //以敌机的x,y坐标为参照，子弹的坐标是从敌机顶部的中间处发射
        int center=this.getX() + this.getWidth() / 2 - bullet.getWidth() / 2;
        leftX=center;//左边排列初始取值为屏幕宽度的中心
        rightX=center;//右边排列初始取值为屏幕宽度的中心
        y = this.getY() + this.getHeight();
        bullet.createBullet(center, y);
        for(int i=1;i<power;i++){
            if(i%2==0){//从中心点开始轮流向左和向右进行排列
                rightX=rightX+bullet.getWidth() +space;
                x=rightX;
            }else{
                leftX=leftX-bullet.getWidth()-space;
                x=leftX;
            }
            bullet.createBullet(x, y);
        }


    }
    public boolean checkExplode(Sprite opponent, Sprite explode) {
        boolean bExplode;
        //判断敌机和我方飞机是否发生碰撞
        if (this.collidesWith(opponent, true)) {
            if(this.blood>1){
                this.blood--;
            }else{
                this.setVisible(false);//将敌机设置为不可见
            }
            opponent.setVisible(false);//将我方飞机设置为不可见
        explode.setPosition(opponent.getX(), opponent.getY());//发生爆炸，设置爆炸效果
            return true;//不再检测，退出
        }
        bExplode = bullet.checkExplode(opponent);//检测敌机子弹是否击中我方飞机
        if (bExplode) {//如果击中
            opponent.setVisible(false);//对被子弹击中的对象进行隐藏
         explode.setPosition(opponent.getX(), opponent.getY());//设置爆炸效果
            return true;//不再检测，退出
        }
        return false;//没有发生爆炸
    }
```

```
        public void drawEnemy(Graphics g, int screenHeight,int type,int sumSpeed) {
            int x = 0, y = 0;
            int mX = 0, mY = 0;// 移动的（x,y）步伐
            x = this.getX();
            y = this.getY();
            if (y <= screenHeight) {
                switch (type) {
                case 0://飞机并排出现
                    mX = 0;
                    mY = speed+sumSpeed;
                    this.setFrame(2);
                    break;
                case 1://一前两后的排列
                    mX = 0;
                    mY = speed+sumSpeed;
                    this.setFrame(2);
                    break;
                case 2://垂直从上到下
                    mX = 0;
                    mY = speed;
                    this.setFrame(2);
                    break;
                case 3://向左倾斜
                    mX = -speed;
                    mY = speed;
                    this.setFrame(0);
                    break;
                case 4://向右倾斜
                    mX = speed;
                    mY = speed;
                    this.setFrame(1);
                    break;
                }
                this.move(mX, mY);
                if(this.isVisible()){
                    bullet.drawBullet(g, screenHeight);
                }
            }
            // 若敌机的子弹已经过界，则重新发射子弹
            if (y>screenHeight || bullet.vBullet.size() <= 0) {
                createBullet();
            }

        }
    }
```

（9）敌机管理器类：EnemyManager。

```
import java.util.Random;
import javax.microedition.lcdui.Graphics;
import javax.microedition.lcdui.Image;
import javax.microedition.lcdui.game.LayerManager;
```

```
     import javax.microedition.lcdui.game.Sprite;

  public class EnemyManager {
       String imageName="/bulletEnemy.png";//敌机精灵所用的图片文件名
       Image enemyImg;//敌机图像
       Enemy []enemy;//小敌机精灵数组
       Enemy boss;//大飞机
       int iBossDirect=-1;//boss移动的方向，1为向右，-1为向左
       int enemyNum;//敌机数量
       int screenHeight;//手机屏幕的高度
       int screenWidth;//手机屏幕的宽度
       int type=0;//敌机出现的排列类型
       int enemyWidth = 24;//敌机精灵帧的宽度
       int enemyHeight = 22;//敌机精灵帧的高度
       boolean bSpeed;//敌机飞行途中是否加速
       int sumSpeed=0;//累加速度
       LayerManager spriteManager;
       Random rm=new Random();//定义随机对象
       EnemyManager(LayerManager spriteManager,int screenWidth,int screenHeight) {
           this.screenWidth=screenWidth;
           this.screenHeight=screenHeight;
           this.spriteManager=spriteManager;
       }
       public void createEnemy(Graphics g,int enemyNum,String sEnemy,int enemyWidth,int
enemyHeight,int enemySpeed,int enemyBlood,int enemyPower){
           this.enemyNum=enemyNum;
           this.enemyWidth=enemyWidth;
           this.enemyHeight=enemyHeight;
           enemyImg =CommonFunction.createImage(sEnemy);//创建敌机精灵图像
           enemy=new Enemy[enemyNum];//创建敌机精灵数组
           for(int i=0;i<enemyNum;i++){
                       enemy[i]=new  Enemy(enemyImg,enemyWidth,enemyHeight,enemySpeed,
enemyBlood, enemyPower);//创建敌机精灵
               spriteManager.append(enemy[i]);
           }
           type=Math.abs(rm.nextInt()%5);//随机设置敌机的初始飞行排列形态
           initEnemyPosition(g);//调用方法初始化敌机的位置
       }
       public void createBoss(String sBoss,int bossWidth,int bossHeight,int bossSpeed,
int bossBlood,int bossPower){
           Image bossImg;//boss图像
           bossImg =CommonFunction.createImage(sBoss);//创建boss精灵图像
            boss=new Enemy(bossImg,bossWidth,bossHeight,bossSpeed,bossBlood,bossPower);
//创建boss精灵
           boss.setFrame(0);
           boss.setVisible(false);
           spriteManager.append(boss);
       }
```

```
    //初始化 boss 的位置
    public void initBossPosition(Graphics g){
        boss.setVisible(true);
        boss.setPosition(screenWidth/2, 0);
        boss.createBullet();
    }
    public Enemy getEnemy(int i){
        return enemy[i];
    }
    public Enemy getBoss(){
        return boss;
    }
    //初始化敌机的出现坐标：以屏幕中间点向左右排列敌机，一前两后的排列，垂直从上到下，向左倾斜，向右倾斜
    public void initEnemyPosition(Graphics g){
        int center;//屏幕中心点
        int space=2;//敌机之间的排列间隔
        int leftX=0,leftY=0;//向左方向进行排列的（x,y）坐标
        int rightX=0,rightY=0;//向右方向进行排列的（x,y）坐标
        int x=0,y=0;//敌机的（x,y）坐标
        Random rm=new Random();
        sumSpeed=0;//清空累加速度
        center=screenWidth/2;//屏幕宽度的中心
        leftX=center;//左边排列初始取值为屏幕宽度的中心
        rightX=center;//右边排列初始取值为屏幕宽度的中心
        x=center;
        enemy[0].setPosition(center, 0);
        enemy[0].setVisible(true);
        for(int i=1;i<enemyNum;i++){
            enemy[i].setVisible(true);//设置敌机精灵为可见
            switch (type){
                case 0://飞机并排出现
                if(i%2==0){//其他敌机以屏幕宽度的中心轮流向左和向右进行排列
                        rightX=rightX+enemyWidth+space;
                        x=rightX;
                }else{
                        leftX=leftX-enemyWidth-space;
                        x=leftX;
                }
                break;
                case 1://一前两后的排列
                    if(i%2==0){
                        rightX=rightX+enemyWidth+space;
                        rightY=rightY+enemyImg.getHeight();
                        x=rightX;
                        y=rightY;
                    }else{
                        leftX=leftX-enemyWidth-space;
                        leftY=leftY+enemyImg.getHeight();
                        x=leftX;
                        y=leftY;
                    }
```

```
                        break;
            case 2://垂直从上到下
                    x=center;
                    y=y+enemyImg.getHeight();
                    break;
            case 3://向左倾斜
                    x=x-enemyWidth-space;
                    y=y+enemyImg.getHeight();
                    break;
            case 4://向右倾斜
                    x=x+enemyWidth+space;
                    y=y+enemyImg.getHeight();
                    break;
            }
        enemy[i].setPosition(x, y);
        enemy[i].createBullet();
        if(rm.nextInt()%2==0 ){
            bSpeed=true;
        }else{
            bSpeed=false;
        }
    }
}

public boolean checkExplode(Sprite opponent,Sprite explode) {
    boolean bExplode=false;
    for (int i = 0; i <enemyNum; i++) {
        bExplode=enemy[i].checkExplode(opponent, explode);
        if(bExplode){
            return bExplode;
        }
    }
    bExplode=boss.checkExplode(opponent, explode);
    if(bExplode){
        return true;
    }else{
        return false;//没有发生爆炸
    }

}
public void drawEnemy(Graphics g) {
    int x=0,y=0;
        if(bSpeed){//如果需要加速度
            sumSpeed=sumSpeed+1;
            System.out.println("bSpeed:sumSpeed="+sumSpeed);
        }
        for(int i=0;i<enemyNum;i++){
            y = enemy[i].getY();
            enemy[i].drawEnemy(g, screenHeight, type,sumSpeed);
        }
        if (y > screenHeight) {
            type=Math.abs(rm.nextInt()%5);//随机设置敌机的初始飞行排列形态
            initEnemyPosition(g);
```

```
                }
            }
    public void drawBoss(Graphics g, int screenHeight){
        int x = 0, y = 0;
        x = boss.getX();
        if (x<=0){
            iBossDirect=1;
        }
        if(x+boss.getWidth()>=screenWidth){
            iBossDirect=-1;
        }
            boss.move(iBossDirect*boss.getSpeed(), 0);
            boss.bullet.drawBullet(g, screenHeight);

        //敌机的子弹已经过界，则重新发射子弹
        if (y>screenHeight || boss.bullet.vBullet.size() <= 0) {
            boss.createBullet();
        }
    }
}
```

（10）游戏控制类：GameManager。

```
import java.io.IOException;
import java.io.InputStream;
import javax.microedition.lcdui.Command;
import javax.microedition.lcdui.Font;
import javax.microedition.lcdui.Graphics;
import javax.microedition.lcdui.Image;
import javax.microedition.lcdui.game.GameCanvas;
import javax.microedition.lcdui.game.LayerManager;
import javax.microedition.lcdui.game.Sprite;
import javax.microedition.lcdui.game.TiledLayer;
import javax.microedition.media.Player;
import javax.microedition.media.control.VolumeControl;

public class GameManager extends GameCanvas implements Runnable{
    int screenWidth,screenHeight;
    GameMenu gameMenu;
    String sEnemy="/enemy.png";
    String sBoss="/boss.png";
    Image imgPause,imgContinue,imgReturn;
    Graphics g;
    Sprite explode[];//我方、敌方飞机发射子弹引发的爆炸精灵

    boolean bExplode[],bExplodeOver[];//我方、敌方、Boss飞机发射子弹引发的爆炸

    byte anchor=Graphics.LEFT|Graphics.TOP; //瞄点
    //----地图相关属性设置

    private LayerManager layerManager;
    //精灵层管理器
    private LayerManager spriteManager;

    private TiledLayer tlMap;       // 地图层
```

190

```
private int tiledColCount = 8;      // 地图的总列数、总行数
private int tiledRowCount = 130;
//地图的每个贴砖的宽度和高度
private int tiledWidth = 30;
private int tiledHeight = 30;

private int mapY = 0;       // 地图最顶点纵坐标
//----我方飞机精灵相关属性
String sPlane="/plane.png";//飞机精灵用的图片文件
private int planeWidth = 24;//飞机帧宽度
private int planeHeight = 24;//飞机帧高度
Image planeImg;//飞机图像对象
private Plane plane;
//----敌方飞机精灵相关属性
EnemyManager enemyManager;//敌机管理器
private Enemy enemyPlane;//小飞机
private Enemy boss;//Boss飞机
int enemyWidth = 24;//敌机精灵帧的宽度
int enemyHeight = 22;//敌机精灵帧的高度
int enemyBlood=1;
private int enemyNum=3;
private int enemySpeed=3;//敌机的移动速度
private int enemyPower=1;
private int bossWidth = 65;
private int bossHeight = 50;
private int bossBlood=5;
private int bossSpeed=3;
private int bossPower=5;
private boolean bBoss;//Boss是否已经被创建
private int offset=2;//飞机向上移动的幅度
private long preKeyTime;//记录按下发射子弹的开始时间
//游戏运行状态：0表示游戏菜单界面,1表示游戏运行界面, 2表示游戏暂停界面
private int status;
private Font largeFont=Font.getFont(Font.FACE_SYSTEM,Font.STYLE_BOLD,Font.SIZE_LARGE);
public GameManager(int screenWidth,int screenHeight,GameMenu gameMenu ) {
    super(true);
    //设置为全屏
    this.setFullScreenMode(true);
    this.screenWidth=screenWidth;
    this.screenHeight=screenHeight;
    this.gameMenu=gameMenu;
    this.status=1;
    this.preKeyTime=-1000;
    g=this.getGraphics();
    imgPause=CommonFunction.createImage("/pause.png");
    imgContinue=CommonFunction.createImage("/continue.png");
    imgReturn=CommonFunction.createImage("/return.png");
    Image imgExplode = CommonFunction.createImage("/explode.png");
```

```
        explode=new Sprite[3];
        bExplode=new boolean[3];
        bExplodeOver=new boolean[3];
        for(int i=0;i<=2;i++){
            //创建爆炸精灵
            explode[i] = new Sprite(imgExplode, 37, 26);
            //设置爆炸精灵动画顺序
            explode[i].setFrameSequence(new int[] { 0, 1, 2, 3, 4 });
            bExplode[i]=false;
            bExplodeOver[i]=true;
        }
        //创建地图
        PlaneMap planeMap=new PlaneMap();
        tlMap=planeMap.getBackground();
        mapY = tiledRowCount * tiledHeight-this.getHeight();
        //创建图层管理器
        layerManager = new LayerManager();
        spriteManager=new LayerManager();

        layerManager.append(tlMap);
        //创建我方飞机
        planeImg =CommonFunction.createImage(sPlane);//创建飞机图像
        plane=new Plane(planeImg,planeWidth,planeHeight,screenWidth,screenHeight);
        spriteManager.append(plane);
        //创建敌机管理器
        enemyManager=new EnemyManager(spriteManager,screenWidth,screenHeight);
        enemyManager.createEnemy(g,3,sEnemy,enemyWidth,enemyHeight,enemySpeed,enemyBlood,
enemyPower);
        enemyManager.createBoss(sBoss,bossWidth,bossHeight,bossSpeed,bossBlood,bo
ssPower);
        bBoss=false;
        new Thread(this).start();
    }
    public void run() {
        boolean bRun=true;
        while(bRun){
            if(status==2){
                drawButton(g);
                flushGraphics();
                continue;
            }
            //清除屏幕
            g.setColor(0xffffff);
            g.fillRect(0, 0, screenWidth,screenHeight);
            layerManager.setViewWindow(0, mapY, screenWidth, screenHeight);
            layerManager.paint(g, 0, 0);
            //地图随时间的变化向上移动
            if(mapY==3400){
                if(!bBoss){
                    enemyManager.initBossPosition(g);
                    boss=enemyManager.getBoss();
```

```
                            bBoss=true;//已经创建
            }
            enemyManager.drawBoss(g, screenHeight);
            bExplode[2]=plane.checkExplode(boss);
            if(bExplode[2]){
                    drawString(g,"成功过关", screenWidth/2, screenHeight/2, anchor);
                    flushGraphics();
                    bRun=false;
                    break;
            }
        }else{
            mapY--;
        }
        keyInput();
        drawButton(g);
        plane.drawBullet(g,screenHeight);
        for(int i=0;i<enemyNum;i++){
                enemyPlane=enemyManager.getEnemy(i);
                bExplode[1]=plane.checkExplode(enemyPlane);

            if(bExplode[1]){
                explode[1].setPosition(enemyPlane.getX(), enemyPlane.getY());
                break;
            }
        }
        enemyManager.drawEnemy(g);
        bExplode[0]=enemyManager.checkExplode(plane,explode[0]);
        for(int i=0;i<=2;i++){
            if(bExplodeOver[i]){
                if(bExplode[i]){
                    bExplodeOver[i]=false;
                }
            }
            if(!bExplodeOver[i]){
                bExplodeOver[i]=CommonFunction.Explode(g, explode[i]);
            }
        }
        //检测我方飞机是否被击中
        if(!plane.isVisible()){
            if(plane.getLife()>1){
                if(bExplodeOver[0]){
                    plane.decreaseLife();
                    //更改位置
                    if (plane.getX()<screenWidth/2){
                        plane.setPosition(screenWidth-plane.getWidth(),screenHeight-
plane.getHeight());
                    }else{
                        plane.setPosition(0, screenHeight-plane.getHeight());
                    }
                    plane.setVisible(true);
                }
            }else{//游戏结束
```

```
                        drawString(g,"游戏结束", screenWidth/2, screenHeight/2, anchor);
                    }
                }
                spriteManager.paint(g, 0, 0);
                if(bBoss){
                    if(boss.halfblood>boss.blood){
                        boss.setFrame(1);
                    }else{
                        boss.setFrame(0);
                    }
                }
            //双缓冲向屏幕绘制
            flushGraphics();
            //控制向上移动的时间频率
            try {
                Thread.sleep(50);
            } catch (Exception ex) {
                ex.printStackTrace();
            }
        }
    }
    void drawButton(Graphics g){
        if(status==1){
            g.drawImage(imgPause, 0, screenHeight, Graphics.BOTTOM
                    | Graphics.LEFT);
        }else if(status==2){
            g.drawImage(imgContinue, 0, screenHeight, Graphics.BOTTOM
                    | Graphics.LEFT);
            flushGraphics();
        }
        g.drawImage(imgReturn, screenWidth, screenHeight,
                Graphics.BOTTOM | Graphics.RIGHT);
    }
    void drawString(Graphics g,String text,int x,int y,byte anchor){
        g.setFont(largeFont);              //设置字体
        g.setColor(0xFF0033);              //设置红色字体
        g.drawString(text, x, y, anchor);
    }
    /**
     * 左右功能键处理
     */
    public void keyPressed(int keyCode) {
      switch (keyCode) {
        case -6:
            if (status == 1) {
                status = 2;
            } else if (status == 2) {
                status = 1;
            }
            break;
        case -7:
            status = 0;
```

```
                CommonFunction.display.setCurrent(gameMenu);
                break;
        }
    }
//按键处理
    private void keyInput() {
        //飞机的当前坐标
        int x=plane.getX();
        int y = plane.getY();
        //得到按键状态值
        int keystate = this.getKeyStates();
        //按向上键，前进
        if ((keystate & UP_PRESSED) != 0) {
            plane.setFrame(1);
            if (y > 0) {
                if (y < offset)
                    offset = y - mapY;
                plane.move(0, -offset);
            }
        }
        //按向下键，后退
        if ((keystate & DOWN_PRESSED) != 0) {
            plane.setFrame(1);
            // 飞机精灵底部纵坐标
            int planebY = y + plane.getHeight();
            if (planebY < screenHeight) {
                if (screenHeight - planebY < offset)
                    offset = screenHeight - planebY;
                plane.move(0, offset);
            }
        }
        //按左键，向左飞
        if ((keystate & LEFT_PRESSED) != 0) {
            if(x>0){
                if (x < offset)
                    offset = x;
                plane.setFrame(0);
                plane.move(-offset,0);
            }
        }
        //按右键，向右飞
        if ((keystate & RIGHT_PRESSED) != 0)
        {
            if(x+plane.getWidth()<screenWidth){
                if(x+offset>screenWidth)
                    offset=screenWidth-x;
                plane.setFrame(2);
                plane.move( offset,0);
            }
```

```
        }
        //中间键,发射子弹
        if ((keystate & FIRE_PRESSED) != 0 & plane.isAlive()) {
                if(System.currentTimeMillis()-preKeyTime>=1000){//控制发射子弹的频率
                preKeyTime=System.currentTimeMillis();
                plane.createBullet();
            }
        }
        //不按键
        if(keystate==0){
            plane.setFrame(1);
        }
    }
}
```

# 实训项目

## 实训项目 1　实现飞机射击程序

1. 实训目的与要求

利用低级界面技术开发一款较为完整的游戏程序。

2. 实训内容

在完成书上任务之后，实现如下功能以进一步完善飞机射击程序。

（1）碰撞处理：飞机之间、子弹与飞机之间的不同碰撞有不同的效果。

（2）敌机类型：加入更多的敌机，出现的路线更多样。

（3）不同类型的敌机具有不同的生命值，例如，大 Boss 的生命值更大。

（4）新增声音效果：出现爆炸，有相应的爆炸声音。

（5）添加关卡：不同关卡，敌机出现的数量不一样，智能性随关卡数增加而增加。

（6）使用 LayManager 将例子中的飞机、敌机、地图、子弹都放在里面。

（7）再增加一层地图，该地图放置一些坦克，可以向上发射子弹。

3. 思考

（1）如何通过参数来控制游戏的难度？

（2）如何使得游戏的 NPC 具有一定的智能性？

## 实训项目 2　音乐播放器

1. 实训目的与要求

了解 Java ME 的文件操作系统，掌握在手机上运用 MMAPI 组件播放音乐。

2. 实训内容

　　功能要求：程序运行后打开音乐文件列表，用户单击打开按钮，在界面上播放所选择的音乐。具体可细分如下。

　　（1）播放列表管理，可以删除、上移和下移、添加本机上的音乐文件（格式为 mpeg、midi、wav 等）。

　　（2）在界面上播放音乐，可以调节音量、对音乐暂停、停止、快进和快退。

　　（3）可以对播放列表进行控制，例如，单曲、循环、随机播放。

　　3. 思考

　　如何显示歌曲时间和进度？

# 参考文献

[1] 中国移动应用商城.http://mm.10086.cn/.

[2] 当乐网. http://www.d.cn/.

[3] WTK API 文档

[4] 张晓蕾. J2ME 手机游戏设计案例教程 [M]. 北京：电子工业出版社. 2009.

[5] 龚剑，刘晶晶. J2ME 3D 手机游戏开发详解 [M]. 北京：人民邮电出版社. 2007.